All That Up style

올 댓 업스타일

신화남 지음

Book&Media

올 댓 업스타일

초판 1쇄 인쇄	2022년 01월 19일
초판 1쇄 발행	2022년 01월 27일
지은이	신화남
펴낸이	박남균
펴낸곳	북앤미디어 디엔터
등록	2019. 7. 8. 제2019-000090호
주소	서울시 영등포구 국회대로 675, 9층
전화	02)2038-2447
팩스	070)7500-7927
홈페이지	the-enter.com
책임	박남균
북디자인	김은주, 디엔터콘텐츠랩
편집	김혜숙
해외출판	이재덕

ⓒ 신화남, 2022, Printed in R.O.Korea
이 책은 신저작권법에 의해 보호를 받는 저작물입니다. 저자와 북앤미디어 디엔터의 서면 허락 없이 내용의 일부를 인용하거나 발췌하는 것을 금합니다. 제본, 인쇄가 잘못되거나 파손된 책은 구매하신 곳에서 교환해 드립니다.

ISBN 979-11-967612-9-5(13590)
정가 22,000원

이 도서의 국립중앙도서관 출판예정도서목록(CIP)은 서지정보유통지원시스템 홈페이지(http://seoji.nl.go.kr)와 국가자료종합목록 구축시스템 (http://kolis-net.nl.go.kr)에서 이용하실 수 있습니다.

머리말

　현대 사회는 생활 문화 수준의 향상으로 아름다워지고자 하는 욕구가 높아지면서 헤어스타일은 자신의 개성과 아름다움을 표현하는 매우 중요한 역할을 할 뿐만 아니라 자신의 경쟁력을 높이는 수단이라는 중요한 기능을 갖고 있습니다.

　헤어스타일에서 업스타일(Up style)이라고 하면 넓은 의미로 커트나 화학적 시술이 아닌 머리카락을 올려 묶거나 핀으로 고정시켜 연출하는 모든 형태의 스타일이라고 할 수 있습니다. 하지만 업스타일은 특별한 날이나 중요한 행사에 격식 있는 스타일을 완성해야 한다는 부담감 때문에 현장에서 헤어디자이너들이 한계를 느끼고 가장 어려워하는 분야입니다.

　업스타일에는 다양한 기법이 있지만 이 책에서는 뷰티산업 현장에서 쉽게 접할 수 있는 땋기, 꼬기, 매듭, 롤링, 겹치기, 고리 기법을 중심으로 미용을 배우는 학생과 뷰티산업 현장의 헤어디자이너들이 최대한 쉽게 이해하고 접할 수 있도록 정리하고자 노력하였습니다. 또한 국가직무능력표준(NCS) 과정을 충실히 따랐기에 일선 미용 교육 기관에서도 교재로 충분히 사용할 수 있도록 하였습니다.

　이와 같이 기초적인 기법 등을 중심으로 연습하여 실용적이고 창의적인 작품을 자연스럽게 완성함으로써 헤어디자이너들이 느끼는 한계를 극복하고 자유롭고 자신감 있게 업스타일을 완성하게끔 하는 것이 이 책의 목표입니다.

　미용 분야의 헤어디자이너들이 이 책을 통해 업스타일에 대한 다양한 기술을 습득함으로써 업스타일 표현에 재미를 느끼고, 나아가 손님들에게 인정받고 스스로도 만족하기를 바랍니다.

　끝으로 이 책이 나오기까지 많은 도움을 주신 여러분에게 깊은 감사를 드립니다.

_ 신화남

목차

머리말 _ 5

PART 01 업스타일 이론

- 01 업스타일(UP STYLE)이란 _ 10
- 02 업스타일의 개념 _ 10
- 03 업스타일의 역사 _ 10
- 04 베이직 업스타일 기본 _ 11
- 05 베이직 업스타일 수행 _ 14
- 06 베이직 업스타일 실행 _ 17
- 07 크리에이티브 업스타일 기본 _ 23
- 08 크리에이티브 업스타일 수행 _ 25
- 09 크리에이티브 업스타일 실행 _ 27
- 10 업스타일의 특징 _ 28
- 11 업스타일을 만드는 기본 _ 28
- 12 두부의 구분 _ 29
- 13 업스타일 올리는 방법 _ 30
- 14 업스타일과 얼굴형 _ 31

PART 02 업스타일 기본

- 01 땋기 기법 _ 40
- 02 꼬기 기법 _ 42
- 03 매듭 기법 _ 44
- 04 롤링 기법 _ 46
- 05 겹치기 기법 _ 48
- 06 고리 기법 _ 50

PART 03 업스타일 실전

꽃다발의 향기 _ 56   붉은 장미 _ 62
은하계의 별 _ 68   꽃이 피기 전 _ 74
나뭇잎의 이슬 _ 78   꽃 옆의 개울가 _ 84
돌고 도는 태엽 _ 90   흔들리는 마음 _ 96
꽃을 담은 그릇 _ 102   티아라 _ 108
우연의 만남 _ 114   바람에 흔들리는 리본 _ 118
절벽 위의 폭포 _ 124   코스모스의 향기 _ 130
나무를 감싸는 줄기 _ 136   아름다운 피앙세 _ 142
돌아가는 바람개비 _ 148   고깔모자를 쓴 여인 _ 154

PART 04 업스타일 작품

요동치는 파도 _ 162   바위를 감싸는 어둠 _ 164
무지개빛 달팽이 _ 166   꽃피는 사랑 _ 168
화염의 통로 _ 170   설산 위의 시네라리아 _ 172
서로를 감싸 안는 핑크뮬리 _ 174   밤하늘의 은하수 _ 176
보랏빛 향기 _ 178

업스타일 용어 정리 _ 180   참고문헌 _ 186

PART 01

ALL THAT UP STYLE

업스타일 이론

01 업스타일(Up style)이란

1. 업스타일의 목표

업스타일의 기본 기법과 디자인 연출 기법으로 업스타일을 완성할 수 있으며, 업스타일에 사용되는 헤어 액세서리와 헤어피스를 손질하고 활용하여 고객의 특성과 상황에 맞는 창의적인 업스타일 디자인을 완성할 수 있다.

2. 업스타일의 핵심 용어

베이직 업스타일, 크리에이티브 업스타일, 헤어 세트롤러, 와인딩, 업스타일 디자인, 헤어 액세서리, 헤어피스, 헤어스타일 연출 제품, 디자인, 백콤, 볼륨, 땋기 기법, 꼬기 기법, 꺾기 기법, 롤링 기법, 매듭 기법 등이 있다.

02 업스타일의 개념

업스타일은 여성의 모발을 묶어 위로 치켜 올리는 헤어스타일이다. 따라서 목덜미가 드러나면서 또 다른 아름다움과 신선한 이미지를 느끼게 해준다. 모발을 머리 위로 묶어 올려서 여러 가지 형태를 만들고, 핀으로 꽂는 등 다양한 스타일을 표현할 수 있다. 헤어디자이너의 관점에 따라 얼마든지 다양한 형태의 창작품을 만들어낼 수 있는 독특한 분야이다.

03 업스타일의 역사

프랑스 대혁명으로 구 정치체제가 완전히 사라지면서 머리 모양도 변화되어 다양한 모습으로 바뀌었다. 자연회귀의 풍조가 높아지면서 그리스적인 고전풍 의상과 헤어스타일이 유행하기 시작했다. 19세기, 퐁파두르풍의 앞머리에 길게 말아서 늘어뜨린 앙글레즈를 어깨에 여러 가닥 늘어뜨린 머리형이 영국에서 프랑스로 역수입되었다. 이로 인해 헤어스타일은 빠른 속도로 변화하며 화려한 유행을 불러왔다. 프랑스의 참패로 끝난 프로이센-프랑스 전쟁

이후, 안정기를 거쳐 제1차 세계대전 당시까지 파리는 그야말로 멋진 시대를 맞았다. 폭포가 떨어지는 듯한 헤어스타일인 워터풀형이 유행했고, 제2차 세계대전까지는 마셀 그라토(Marcel Grateau)가 개발한 마셀 웨이브가 미용계에 혁명을 일으켜 대유행을 불러일으켰다. 동양에서는 그랑 퐁파두르형이 유행의 물결을 탔다. 이것이 오늘날 업스타일의 기원이 되었다.

04 베이직 업스타일 기본

1. 베이직 업스타이란

베이직 업스타일의 기본 기법과 디자인 연출 기법으로 업스타일을 완성하는 능력이다.

2. 베이직 업스타일 준비

- 고객의 모발 상태와 디자인 목적에 따라 일반 세트롤러 또는 전기 세트롤러를 선택하여 사용할 수 있다.
- 헤어 세트롤러 도구에 따라 모발의 수분 함량을 조절하여 와인딩할 수 있다.
- 디자인에 따라 헤어 세트롤러의 와인딩 방향과 각도를 조절할 수 있다.
- 모발의 끝이 꺾이거나 손상되지 않도록 모발 끝을 정리하여 와인딩할 수 있다.

3. 헤어 세트롤러

(1) 헤어 세트롤러의 종류 및 특징

미용업소에서 사용하는 헤어 세트롤러의 종류는 재질과 모양 및 열의 공급 유무에 따라 구분한다.

분류	특징
플라스틱	– 젖은 모발에 와인딩한 후 열풍으로 건조하는 방식 – 건조하는 데 긴 시간이 필요함(사용 빈도 낮음) – 모발 손상 거의 없음

재질에 의한 분류	벨크로	- 일명 '찍찍이'라고 부르는 헤어 세트롤러 - 금속 위에 벨크로 처리하여 세팅력을 강화한 제품도 있음 - 젖은 또는 마른 모발에 와인딩한 후 건조하는 방식 - 짧은 헤어 퍼머넌트 웨이브 모발에 효과적
	고무	- 스파이럴 컬에 효과적 - 별도의 고정 장치 없이도 사용 가능
모양에 의한 분류	원형	- 롤(Roll) 형태로 가장 전형적인 형태 - 주로 컬이나 웨이브를 연출하거나 볼륨 형성을 할 때 사용 - 굵기와 너비가 다양
	원추형	- 한쪽은 좁은 지름, 또 다른 한쪽은 넓은 지름 - 곡선형 또는 서로 다른 굵기의 웨이브 연출에 적합
	스파이럴형	- 긴 모발에 적합 - 전용 고리로 모발을 당겨서 사용
열에 의한 분류	일반 세트롤러	- 적당하게 젖은 모발에 사용 - 와인딩 전에 세팅력 강화를 위한 제품 사용 가능 - 완전 건조 후 롤을 풀어서 스타일을 연출
	전기 세트롤러	- 반드시 마른 모발에 사용 - 비교적 짧은 시간에 웨이브를 연출할 수 있음 - 감전과 화상에 유의

(2) 헤어 세트롤러의 고정 방식

헤어 세트롤러의 고정 방식으로는 핀, 꽂이, 덮개 등이 있다.

방식	특징
핀	- 주로 전기 헤어 세트롤러를 고정할 때 사용 - 바비핀이나 핀컬핀 또는 전용 핀으로 고정 - 건조 후 핀 자국이 보이지 않도록 주의
꽂이	- 주로 일반 헤어 세트롤러를 고정할 때 사용 - 헤어 퍼머넌트 웨이브에서 사용하는 꽂이와 유사 - 세트롤러의 구멍에 맞추어 꽂이를 통과시켜 고정
덮개	- 세트롤러 위에 집게로 집듯이 고정 - 사용이 편리

4. 헤어 세트롤러 활용 기법

고객의 얼굴형, 연령, 모발 길이, 사용 도구, 희망 헤어스타일 등에 따라 헤어 세트롤러의 활용 기법은 다양하다. 일반적으로 고려해야 할 것은 헤어 세트롤러의 크기와 굵기, 베이스(Base) 너비와 폭, 각도와 볼륨, 텐션, 방향 등이다.

(1) 헤어 세트롤러의 크기와 굵기

헤어 세트롤러의 지름이 클수록 컬이 굵어지고 지름이 작을수록 컬이 작아진다.

(2) 헤어 세트롤러의 베이스 너비와 폭

베이스의 너비는 헤어 세트롤러 지름의 80% 정도가 이상적이다. 베이스가 너무 넓으면 작업 과정에서 모발이 헤어 세트롤러 밖으로 튀어 나가고, 너무 좁으면 작업 시간이 길어지기 때문이다. 또 베이스의 폭은 헤어 세트롤러의 지름과 1 : 1 정도가 적절하며 굵은 웨이브를 원하면 폭을 넓게, 작은 웨이브를 원하면 폭을 좁게 잡는 것도 요령이다.

(3) 헤어 세트롤러의 각도와 볼륨

각도는 볼륨과 관련이 있는데 모발을 120° 이상 들어 와인딩하면 컬의 볼륨이 크고, 움직임도 자유롭다. 반면 60° 이하로 들고 와인딩하면 컬의 볼륨이 작고 움직임도 제한적이다.

(4) 헤어 세트롤러의 텐션

텐션(Tension)이란 모발을 잡아당기는 일정한 힘을 의미하며 헤어 세트롤러를 와인딩할 때 모발의 끝이 꺾이지 않고 탄력 있는 웨이브가 형성될 수 있도록 와인딩한다. 적당한 텐션으로 와인딩하되, 고객이 통증을 느낄 만큼 강하게 당기지 않도록 주의한다.

05 베이직 업스타일 수행

- 헤어 세트롤러 서비스 시 희망하는 웨이브의 굵기와 볼륨 정도에 따라 와인딩 방향, 각도, 베이스 폭, 핀 고정 등을 고려해야 한다.
- 일반 세트롤러는 적정 수분이 있는 모발에 사용하며, 웨이브 형성을 촉진하기 위해 가온기나 음이온 기기를 사용할 수 있다.
- 전기 세트롤러는 마른 모발에 사용하며, 충분히 뜨겁게 달궈진 세트롤러를 사용한다.
- 헤어 세트롤러 사용 시 모발의 끝이 꺾이거나 손상되지 않도록 위그로 와인딩 실습을 한 후 고객에게 사용할 것을 권장한다.
- 업스타일 도구는 모발 손상을 최소화하고 두피에 자극이 없도록 하여 정확한 방법으로 사용한다.

1. 위그(고객)에 전기 헤어 세트롤러로 와인딩 작업을 한다.

(1) 위그(고객)에 케이프를 두른 후 모발의 수분 상태를 조정한다.
   전기 헤어 세트롤러는 마른 모발에 작업하는 것이 효과적이다.

(2) 전기 헤어 세트롤러의 전압을 확인한 후 마른 손으로 플러그(Plug)를 콘센트에 꽂는다.

(3) 본판의 열을 전달하는 핀에 사용하려는 헤어 세트롤러를 꽂고 전원을 켠다.
   ① 헤어 세트롤러를 꽂을 때 비틀어지면 온도가 전달되지 않으므로 정확하게 꽂는다.
   ② 헤어 세트롤러 중앙의 색이 변하면 사용하기에 적정한 온도이다.

(4) 본판의 열을 전달하는 핀에 사용하려는 헤어 세트롤러를 꽂고 전원을 켠다.
   ① 후두부 정중앙 → 후두부 우측면 → 후두부 좌측면 → 전두부 우측면 → 전두부 좌측면 → 전두부 정중앙 순으로 와인딩한다(순서는 변경 가능).
   ② 헤어 세트롤러의 지름과 웨이브 굵기, 와인딩 방향과 웨이브 흐름, 와인딩 각도와 볼륨을 고려하여 와인딩한다.
   ③ 모빌 끝에서부터 꺾이지 않게 텐션을 주면서 와인딩한다.

④ 세트롤러에 모발을 감을 때 층이 있거나 짧아서 빠진 모발은 최대한 끌고 오면서 와인딩한다.

(5) (4)의 와인딩한 헤어 세트롤러를 전용 핀(클립 타입, 덮개 타입 등)으로 상황에 맞추어 고정한다.
① 핀이 튕겨지는 현상을 최소화하기 위해 전용 핀은 금속이 없는 쪽에 꽂는다.
② 모발에 자국이 덜 생기도록 세트롤러의 하단 쪽 두피에 꽂는다.

(6) 와인딩과 고정이 완료된 상태에서 상온에서 처리시간을 둔다.
① 모발의 헝클어짐을 최소화하기 위해 그물망을 착용한다.
② 전기 헤어 세트롤러 중앙의 색이 변할 때까지 최소 15분 이상 처리시간을 둔다.
③ 보다 탄력 있는 컬을 원할 경우 처리시간을 길게 둔다.

(7) 전기 헤어 세트롤러를 모발에서 제거한다.
① 고정 장치(핀, 집게, 클립 등)를 빼내면서 와인딩한 방향과 반대 방향으로 풀어 주듯 헤어 세트롤러를 제거한다.
② 네이프에서 톱으로 향하면서 세트롤러를 제거한다.
③ 모발에 열이 남아 있는 경우 풀어 놓은 컬을 흐트러지지 않게 모양을 갖추어 식힌다.

(8) 작업 공간을 정리한다.
① 전기 헤어 세트롤러의 플러그를 뽑을 때는 물기 없는 손으로 콘센트에서 분리한다.
② 전기 헤어 세트롤러의 전선을 감아서 정리한 후 보관대에 정돈한다.
③ 사용한 빗과 핀셋 등은 청결하게 정리한 후 소독·보관한다.
④ 위그, 홀더, 트레이, 작업대를 정리하고 작업 공간을 청소한다.

2. 위그(고객)에 일반 헤어 세트롤러로 와인딩 작업을 한다.
(1) 위그(고객)에 케이프를 두른 후 모발의 수분 상태를 조정한다.
일반 헤어 세트롤러는 젖은 모발(수분 20~30% 상태)에 사용하는 것이 효과적이다.

(2) 두상을 5등분으로 블로킹한 후 톱(Top)에서 네이프(Nape)로 향하게 와인딩한다.
　① 후두부 정중앙 → 후두부 우측면 → 후두부 좌측면 → 전두부 우측면 → 전두부 좌측면 → 전두부 정중앙 순으로 와인딩한다(순서는 변경 가능).
　② 헤어 세트롤러의 지름과 웨이브 굵기, 와인딩 방향과 웨이브 흐름, 와인딩 각도와 볼륨을 고려하여 와인딩한다.
　③ 모발 끝이 꺾이지 않도록 와인딩하고 와인딩 시에는 강하게 텐션을 준다.

(3) (2)의 와인딩한 헤어 세트롤러를 핀으로 고정한다.

(4) 와인딩과 고정이 완료된 상태에서 헤어드라이어로 완전 건조한다.
　① 모발의 헝클어짐을 최소화하기 위해 그물망을 씌운다.
　② 헤어드라이어는 열효율성이 우수한 후드 타입을 권장하지만, 발생하는 소음으로 고객이 불쾌감을 느낄 수 있으므로 블로 타입을 사용한다.
　③ 핸드식 블로 드라이어를 사용할 경우 모발의 흐름을 고려하여 열풍을 쐬어 준다.

(5) 건조 상태를 확인한 후 일반 헤어 세트롤러를 모발에서 제거한다.
　① 고정 장치를 빼내면서 와인딩한 방향과 반대 방향으로 풀어 주듯 세트롤러를 제거한다.
　② 네이프에서 톱을 향해 세트롤러를 제거한다.
　③ 모발에 열이 남아 있는 경우 풀어 놓은 컬이 흐트러지지 않게 모양을 갖추어 식힌다.

(6) 작업 공간을 정리한다.
　① 사용한 헤어 세트롤러, 빗, 핀셋 등은 청결하게 정리한 후 소독·보관한다.
　② 위그, 홀더, 트레이, 작업대를 정리하고 작업 공간을 정리정돈한다.

06 베이직 업스타일 수행

- 디자인 연출에 필요한 업스타일 도구를 선택하여 사용할 수 있다.
- 디자인 목적에 따라 빗질, 블로킹, 묶기, 토대 만들기를 할 수 있다.
- 업스타일 디자인에 따라 백콤을 이용한 볼륨 연출과 모류 교정을 할 수 있다.
- 다양한 업스타일 핀을 활용하여 모발을 정확하게 고정할 수 있다.
- 디자인 연출을 위해 땋기, 꼬기, 꺾기, 롤링, 매듭 등의 기법을 할 수 있다.

1. 업스타일 도구의 종류 및 특징

업스타일의 작업 도구로는 브러시, 꼬리 빗, 핀류, 싱, 망, 장식품(헤어 액세서리) 등이 있다.

(1) 브러시(Brush)의 종류와 특징

브러시는 업스타일 작업 과정 중 모발의 면을 정리하여 디자인의 선과 면, 볼륨, 광택 등을 표현하는 역할을 한다.

분류		도구	특징
재질 분류	돈모		- 업스타일용으로 사용되는 평면 돈모 브러시 - 정전기가 발생하지 않으며, 모발을 일정한 방향으로 정리하는 데 용이
	플라스틱		- 빗살 간격이 엉성하며 주로 스타일 마무리용으로 사용
	금속		- 효율적인 열전도성으로 빠른 세팅 효과를 원할 때 사용
형태 분류	원형		- 롤(Roll, Circular, Round) 브러시이며 주로 컬이나 웨이브를 형성할 때 사용
	반원형		- 쿠션(Cushion), 덴맨(Denman) 브러시로 볼륨 형성이나 모류의 방향성 부여 및 보브(Bob) 스타일을 연출할 때 사용
			- 벤트(Vent, Skeleton) 브러시는 컬 형성보다 모류의 방향성 부여 및 자연스러운 스타일을 신속하게 연출할 때 사용

(2) 빗(Comb)의 종류와 특징

빗은 업스타일 작업 과정 중 블로킹, 섹션 등을 나누고 백콤이나 모발의 방향을 만드는 역할을 한다.

분류		도구	특징
재질 분류	플라스틱		- 가볍고 경제적이며 가장 일반적으로 다양하게 사용
	나무 동물 뼈		- 내열성이 요구되는 헤어 마르셀 웨이브와 같은 작업에 사용 - 모발을 보호하는 역할
형태 분류	꼬리 빗		- 가장 일반적이며 다양한 용도로 사용 - 덕 테일 콤(Duck Tail Comb)이라고도 함
	빗살 간격 좁은 빗/넓은 빗		- 좁은 빗은 모발을 곱게 빗을 때 사용 - 넓은 빗은 웨이브 모발 또는 엉킨 모발을 정돈할 때 사용
	스타일링 콤		- 백콤을 넣거나 완성된 상태의 형을 잡을 때 사용

(3) 업스타일 핀의 종류와 특징

재질과 크기가 다양하며 대부분은 핀의 모양에 따라 구분한다.

명칭	모양	특징
핀셋		- 블로킹을 하거나 형태를 임시로 고정할 때 사용 - 집게나 톱니 형태의 핀셋도 있음
핀컬핀		- 부분적으로 임시 고정할 때 사용 - 금속이나 플라스틱 재질이며 핀셋보다 작은 형태
웨이브 클립		- 리지 간격을 고려하여 집게로 집듯이 사용 - 웨이브의 리지를 강조할 때 효과적
실핀		- 가장 일반적으로 많이 사용하는 핀 - 벌어진 핀은 사용하지 않음

명칭	모양	특징
대핀		- 강하게 고정할 때 사용하는 핀 - 녹슬지 않도록 보관에 주의
U핀		- 임시로 고정하거나 면과 면을 연결할 때 사용 - 가볍게 컬을 고정하거나 망과 토대를 고정시킬 때 사용 - 고정력은 실핀이나 대핀에 비해 약함

(4) 그 외 소품

그 외 업스타일 작업에 사용하는 소품 중에 대표적인 것은 싱, 망, 패드, 고무줄 등이 있다.

명칭	모양	특징
싱		- 주로 볼륨감을 표현할 때 주로 사용 - 시판하는 나일론 재질의 싱 대신 버려지는 모발을 비비고 부풀려서 활용할 수도 있음
망		- 주로 긴 모발을 업스타일할 때 사용 - 찢어져서 구멍이 생기기 쉬우므로 보관에 주의
패드		- 둥근 형태의 볼륨을 표현하는 데 효과적 - 일정한 모습을 갖춘 형태 - 일명 도넛(Doughnut)이라고 부름
고무줄		- 가장 일반적으로 많이 사용하는 핀 - 벌어진 핀은 사용하지 않음

2. 업스타일 사전 작업

직모로도 업스타일은 가능하지만 직모는 고정한 핀이 흘러내리거나, 잔머리가 튀어 나오기 쉬우며 스타일도 제한적이다. 보다 우아하고 다양한 스타일을 위해 업스타일 전에 헤어드라이어, 헤어 마샬기, 헤어 세트롤러 등을 활용하여 웨이브를 만들어 주는 것이 좋다.

(1) 블로 드라이어 세팅

 손상 모발이나 퍼머넌트 웨이브가 있는 모발, 숱이 적고 층이 있는 모발에 적합하며 블로 드라이어와 롤브러시로 웨이브를 형성한다.

(2) 헤어 마샬기 세팅

 강한 직모에 적합하며 일자형 또는 원형 헤어 마샬기로 웨이브를 형성한다.

(3) 헤어 세트롤러 세팅

 전열식 헤어 세트롤러를 주로 사용한다.

3. 업스타일 기초 작업

 업스타일에 이상적인 모발의 길이는 너무 길거나 짧은 것보다 30cm 전후가 무난하고, 모발 색은 너무 검은 것보다는 조금 밝은 것이 좋다. 또 직모의 원랭스 스타일보다는 층이 약간 진 퍼머넌트 웨이브가 있는 상태가 업스타일하기에 용이하다. 그러나 고객의 모발 조건은 매우 다양하므로 그에 대처하는 능력이 요구된다.

(1) 블로킹(Blocking)

 ① 효과와 작업 방법

  두상과 연출할 헤어스타일을 고려하여 모발의 구획을 나누어 작업하기 용이하게 만든다.

 ② 유의 사항

  완성된 업스타일이 균형감을 이루도록 처음부터 업스타일의 디자인을 제대로 구상하고 계획하여 블로킹 작업을 진행한다. 균형이 맞지 않는 경우 완성한 업스타일 자체가 비뚤어지기 때문에 주의한다.

(2) 백콤(Back-comb, Teasing)

 백콤은 일반적으로 빗질하는 방향의 반대 방향인 모발의 끝에서 두피 방향으로 빗질을 하여 모발을 부풀리는 방법으로 디자인에 따라 모류의 변화를 줄 수 있다. 모발의 상태와 업스타일 디자인의 형태에 따라 백콤의 기법을 달리하여야 하며, 이는 기술적 효과와 스타일의 목적을 충분히 계산하여 표현하는 것이 중요하다.

　① 효과와 작업 방법
　　- 볼륨 형성: 볼륨을 주려는 모발을 90~120° 각도로 든 상태에서 모발의 뿌리부터 백콤 처리한다.
　　- 방향 부여: 원하는 방향으로 모발을 당겨 주며 백콤 처리한다.
　　- 갈라짐 방지: 갈라지는 면과 면을 같이 잡고 백콤 처리한다.
　② 유의 사항
　　- 모발에 균일한 백콤이 넣어지도록 손목과 빗에 힘을 적절하게 배분한다.
　　- 두피 쪽 모발이 갈라지는 것을 최소화하기 위해 백콤의 베이스는 벽돌쌓기(Zigzag)를 권장한다.

(3) 묶기(Knot)

묶기는 묶고자 하는 위치에 모발이 직각을 이룬 상태에서 모발을 모아 빗질 방법에 따라 묶게 된다. 묶는 도구로는 와인딩용 고무줄, 끈 고무줄 그리고 모발을 감아 돌려 핀으로 고정하는 모발 감기가 있다.

　① 효과와 작업 방법
　　- 일반적으로 고무 밴드를 사용하여 모발 묶기를 진행한다.
　　- 끈 고무줄을 사용할 경우에는 모량이 많고 힘을 많이 받는 모발을 묶을 때 사용한다.
　② 유의 사항
　　- 모발을 묶을 때 고무 밴드나 고무줄이 모발과 엉키거나 당겨서 고객에게 불쾌감을 주거나 고통을 주지 않도록 유의한다.

(4) 토대(Root, Foundation)

업스타일 작업을 할 때 중심축, 즉 지지대 역할을 하는 것이 토대이다. 토대는 업스타일의 디자인이나 형태에 따라 모양, 크기, 위치 등을 변형할 수 있으며, 토대의 원리를 잘 활용하면 작업이 용이하고 업스타일의 형태를 안정적으로 유지할 수 있다.

① 효과와 작업 방법
- 크라운: 톱 포인트와 골든 포인트 중간 정도의 위치이며, 젊고 경쾌한 동적인 느낌 연출에 적합하다.
- 네이프: 백 포인트와 네이프 포인트 중간 정도의 위치이며, 성숙하고 우아한 정적인 느낌 연출에 적합하다.
- 프런트: 페이스 라인 뒤 2~3cm의 위치이며, 특별한 느낌을 연출하기에 적합하다.
- 모발의 양과 두상의 크기나 형태에 따라 토대를 조절하여 업스타일의 크기를 조절할 수 있다.
- 토대를 기준으로 핀처리에 의해서 모발을 단단하게 고정할 수 있다.

② 유의 사항
- 토대 형성의 가장 일반적인 방법은 고무줄로 묶는 것이며, 탄탄한 토대를 만들 수 있다.
- 토대의 위치와 개수에 따라 이미지를 다양하게 표현할 수 있으므로 충분하게 고려하여 정한다.

(5) 핀처리(Pinning)

핀처리는 업스타일의 고정을 위해 필요한 기초 작업이다. 핀은 사용 목적에 따라 여러 형태가 있으며, 핀의 선택과 핀처리 방법은 업스타일의 형태나 고정 정도에 따라 적절히 선택하여 사용한다.

① 효과와 작업 방법
- 강하게 고정: 대핀이나 실핀을 주로 사용하며, 모발 흐름과 90°로 꽂으면 효과적이다.
- 임시로 고정: U핀이나 핀셋을 주로 사용하며, 작업 도중 머리 형태를 유지하기 위해 임시로 사용한다.
- 감추며 정돈: 실핀이나 작은 U핀을 주로 사용하며, 완성 후 마무리를 위해 사용한다.

② 유의 사항
- 벌어지거나 녹슨 핀은 고정력이 없고 비위생적이므로 사용하지 않는 것이 좋다.

- 업스타일 작업 시 사용하는 핀의 개수는 제한이 없으나 사용된 핀이 보이지 않게 효과적으로 사용하는 것이 좋다.

07 크리에이티브 업스타일 기본

1. 크리에이티브 업스타일 디자인

특별한 날에 하는 업스타일은 특별한 날의 의미를 표현하기도 한다. 이런 날을 맞이한 고객은 아름답고 새로운 헤어스타일에 대한 욕구로 충만하게 되며 헤어디자이너는 이러한 고객의 요구를 충족시키기 위해 고객의 특성과 상황을 파악하여 자신의 경험과 감수성으로그 고객만을 위한 아름답고 개성 충만한 크리에이티브한 업스타일을 제안해야 한다.

(1) 얼굴형에 따른 크리에이티브 업스타일 디자인

크리에이티브 업스타일 디자인은 고객의 얼굴형과 T.P.O(time, place, occasion: 시간, 장소, 경우)를 고려하여 진행해야 한다. 크리에이티브 업스타일에서 가장 이상적인 얼굴형은 달걀형으로 이 얼굴형을 기준으로수정 및 보완하여 아름다운 크리에이티브 업스타일을 연출한다.

(2) 이미지에 따른 크리에이티브 업스타일 디자인

이미지	특징
내추럴 이미지	굵은 웨이브를 자연스럽게 연출한 업스타일로 부드러운 이미지를 주는 크리에이티브 업스타일 디자인이다.
모던 이미지	최대한 심플하고 깔끔하게 업스타일로 현대적이고 도시적인 여성의 이미지를 연출하는 크리에이티브 업스타일 디자인이다.
클래식 이미지	굵은 웨이브 업스타일의 기본 기법을 활용하여 단아하고 고전적인 이미지를 연출하는 크리에이티브 업스타일 디자인이다.
엘레강스 이미지	여성의 성숙미와 화려한 이미지를 강조할 수 있는 크리에이티브 업스타일 디자인이다.
로맨틱 이미지	앞머리를 내려주는 디자인이나 부드러운 웨이브 스타일을 연출하여 사랑스러운 여성미를 표현할 수 있는 크리에이티브 업스타일 디자인이다.

(3) 가르마(파트)에 따른 크리에이티브 업스타일 디자인

이미지	특징
옆 가르마 (사이드 파트)	일반적으로 둥근 얼굴형에 잘 어울리며, 모든 이미지를 무난하게 소화해 낼 수 있다.
중간 가르마 (센터 파트)	둥근 얼굴형에 잘 어울리며, 단아한 이미지나 귀여운 이미지 연출에 적합하다.
올백 (노 파트)	각진 얼굴형에 잘 어울리며, 성숙하고 중후한 이미지 연출에 적합하다.
라운드 가르마 (라운드 파트)	각진 얼굴형에 잘 어울리며, 귀여운 이미지나 부드러운 이미지 연출에 적합하다.
사선 가르마	둥근 얼굴형에 잘 어울리며, 강렬한 이미지 연출에 적합하다.
지그재그 가르마	둥근 얼굴형에 잘 어울리며, 귀엽고 특이한 이미지 연출에 적합하다.

(4) 행사 목적에 따른 크리에이티브 업스타일 디자인

이미지	특징
웨딩 크리에이티브 업스타일	약혼식, 스튜디오 촬영, 결혼식 등의 행사 목적으로 하는 업스타일로 신부의 개성과 트렌드에 맞는 다양한 크리에이티브 업스타일을 한다.
파티 크리에이티브 업스타일	파티의 성격과 드레스를 고려하여 드레스에 어울리는 업스타일을 연출하고 업스타일에 어울리는 메이크업과 다양한 헤어 액세서리를 활용하여 완성한다.
한복 크리에이티브 업스타일	전통적인 일반 한복을 입는 경우에는 너무 큰 볼륨감이나 복잡한 디자인은 자제하여 고전적이고 단아한 이미지의 크리에이티브 업스타일을 한다.
연주회 크리에이티브 업스타일	각종 연주회 등의 특정 목적을 위한 크리에이티브 업스타일로 행사의 특성이나 연주자의 개성이 드러날 수 있는 크리에이티브 업스타일을 한다.
기타 크리에이티브 업스타일	이 밖에 일상복 등을 입을 때의 크리에이티브 업스타일이 있으며 돌잔치, 환갑잔치, 면접, 촬영 등의 목적에 따른 크리에이티브 업스타일도 있다.

08 크리에이티브 업스타일 수행

1. 전기 헤어 세트롤러로 사전 작업을 진행한다.

(1) 위그(고객)에 케이프를 두른 후 모발의 수분 유무 상태를 확인한다.

(2) 전기 헤어 세트롤러의 전압을 확인한 후 마른 손으로 플러그(Plug)를 콘센트에 꽂는다.

(3) 본판의 열을 전달하는 핀에 헤어 세트롤러를 꽂고 전원을 켠 후 전원이 들어오지 않는 세트롤러를 확인한다.

(4) 두상을 5등분으로 블로킹한 후 톱에서 네이프로 향하게 와인딩한다.

(5) (4)의 와인딩한 헤어 세트롤러를 전용 핀(클립 타입, 덮개 타입 등)으로 모발에 자국이 남지 않게 고정한다.

(6) 와인딩과 고정이 완료된 상태에서 자연 방치한다.

(7) 헤어 세트롤러가 식으면 네이프에서부터 시작하여 톱 방향으로 롤러를 모발에서 제거한다.

(8) S자 브러시나 쿠션브러시를 사용하여 전체 모발을 빗어준다.

(9) 작업 공간을 정리한다.

2. 블로 드라이어를 사용하여 사전 작업을 진행한다.

(1) 위그(고객)에 케이프를 두른 후 모발의 수분 상태를 조정한다.

(2) 블로 드라이어를 준비한 후 마른 손으로 플러그를 콘센트에 꽂는다.

(3) 모발의 길이와 연출할 웨이브 굵기를 고려하여 롤 브러시를 선정한다.

(4) 크리에이티브 업스타일의 디자인을 고려하여 두상의 섹션을 나눈다.

(5) 크리에이티브 업스타일 디자인을 고려하여 적합한 볼륨과 컬을 형성한다.

(6) 작업 공간을 정리 정돈한다.

3. 헤어 마샬기를 사용하여 사전 작업을 진행한다.
(1) 위그(고객)에 케이프를 두른 후 모발의 수분 상태를 조정한다.

(2) 헤어 마샬기(전열식 원형과 전열식 일자형)를 준비한다.

(3) 준비한 헤어 마샬기를 마른 손으로 플러그를 콘센트에 꽂는다.

(4) 헤어 마샬기 웨이브 빗과 제품을 준비한다.

(5) 크리에이티브 업스타일의 디자인을 고려하여 두상의 섹션을 나눈다.

(6) 헤어 마샬기 로드(Rod)의 지름과 굵기를 고려하여 모발을 슬라이스한다.

(7) 슬라이스에 헤어 마샬기를 넣는다. 고객에게 헤어 마샬기의 열판이 직접 닿지 않도록 주의한다.

(8) 두피 쪽에서부터 텐션을 주면서 헤어 마샬기로 펴 준다. 모발에 자국이 생기지 않도록 손목의 스냅(Snap)을 이용하여 헤어 마샬기를 닫는 순간 45도 돌려서 훑듯이 펴 준다.

(9) (6)~(8)의 방법으로 두상 전체 또는 부분적으로, 디자인한 업스타일에 적합한 볼륨과 컬

을 형성한다.

(10) 작업 공간을 정리 정돈한다. 헤어 마샬기의 플러그를 뽑고 헤어 마샬기의 열을 식힌 후 전선을 감아서 정리하고 보관대에 정돈한다.

09 크리에이티브 업스타일 실행

1. 크리에이티브 업스타일 형태의 이해

크리에이티브 업스타일의 형태는 일반적으로 업스타일의 윤곽선이나 실루엣 라인에 의해 보여지는 것을 의미한다. 고객에게 어울리는 크리에이티브 업스타일을 연출하기 위해서 두상의 모양이나 얼굴형을 파악한 후 볼륨의 부분과 부분, 전체와 부분의 비례 감각을 가지고 모양, 크기, 방향 등의 구성요소에 의해 표현된다.

(1) 모양(Shape)

모양은 외형적으로 나타나는 사물의 구체화된 형체를 말하며, 크리에이티브 업스타일은 볼륨의 모양에 따라 크게 원형, 세로로 긴 타원형, 가로로 긴 타원형 등이 있다.

(2) 크기(Size)

크리에이티브 업스타일의 크기는 볼륨의 크기에 따라 표현되며 업스타일 디자인의 전체적인 분위기에 가장 큰 영향을 미친다.

(3) 방향(Direction)

방향은 움직임을 의미하며 크리에이티브 업스타일 디자인의 모양이나 볼륨의 위치에 따라 전체적인 이미지가 결정된다.

2. 크리에이티브 업스타일 디자인에 관한 볼륨의 이해

크리에이티브 업스타일 디자인은 볼륨의 위치와 볼륨의 크기에 따라 다양한 여성의 이미지를 연출할 수 있다. 웨딩 업스타일 등에 가장 많이 활용되는 상위 볼륨 업스타일은 톱 포인트나 골든 포인트를 중심으로 볼륨이 위치하여 전체적인 얼굴형의 이미지가 달걀형처럼 보이는 시각적인 효과를 보인다. 하위 볼륨 업스타일은 네이프 포인트(N.P)를 중심으로 볼륨이 위치하고 있으며 고전적인 이미지와 두상보다는 여성의 턱선을 보완하는 데 활용할 수 있는 업스타일이다.

10 업스타일의 특징

① 우아한 인상을 준다.
② 이미지를 부드럽게 만들어준다.
③ 정숙한 여인상을 느끼게 한다.
④ 깔끔한 이미지를 풍긴다.
⑤ 시원스러운 자태를 안겨 준다.

11 업스타일을 만드는 기본

업스타일은 섹션 없이도 만들 수 있으나, 여러 갈래로 나눠 모양을 낼 수도 있다. 헤어디자이너에 따라 각기 독특한 방법으로 다양하게 창조할 수 있다는 것이 특징이다. 일반적인 업스타일 만들기의 기본 순서는 다음과 같다.

① 모발을 하나로 꼰다.
② 모발을 두 갈래로 꼰다.
③ 모발을 여러 갈래로 땋는다.
④ 모발을 조개 모양으로 만든다.
⑤ 모발을 엮는다.

⑥ 매듭을 서로 연결한다.
⑦ 웨이브를 연결한다.
⑧ 헤어네트를 사용한다.
⑨ 부분 가발을 이용한다.
⑩ 고무줄로 묶는다.

12 두부의 구분

1. 두부의 지점(Head point)

두상에서 두발을 구획 짓는(영역화), 즉 나누는 범위에 따라 블로킹(Blocking)과 섹셔닝(Sectioning)으로 대별된다. 이를 다시 소구획하는 것을 섹션(Section)이라 한다. 두부를 효율적으로 분배하기 위해서는 두상의 위치, 즉 포인트를 기준으로 해야 한다.

번호	기호	명칭
①	C.P	Center Point : 센터 포인트
②	T.P	Top Point : 톱 포인트
③	G.P	Golden Point : 골든 포인트
④	B.P	Back Point : 백 포인트
⑤	N.P	Nape Point : 네이프 포인트
⑥	F.S.P	Front Side Point : 프런트 사이드 포인트
⑦	S.P	Side Point : 사이드 포인트
⑧	E.S.C.P	Ear Side Corner Point : 이어 사이드 코너 포인트
⑨	E.P	Ear Point : 이어 포인트
⑩	E.B.P	Ear Back Point : 이어 백 포인트
⑪	N.S.C.P	Nape Side Corner Point : 네이프 사이드 코너 포인트
⑫	C.T.M.P	Center Top Medium Point : 센터 톱 미디엄 포인트
⑬	T.G.M.P	Top Golden Medium Point : 톱 골든 미디엄 포인트
⑭	G.B.M.P	Golden Back Medium Point : 골든 백 미디엄 포인트
⑮	B.N.M.P	Back Nape Medium Point : 백 네이프 미디엄 포인트

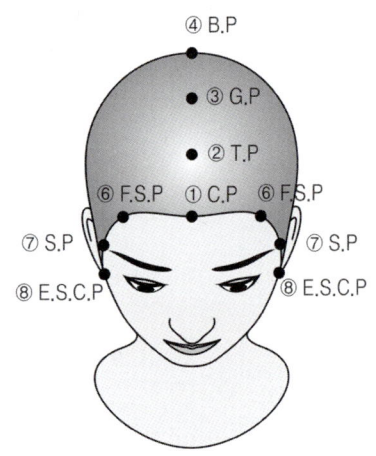
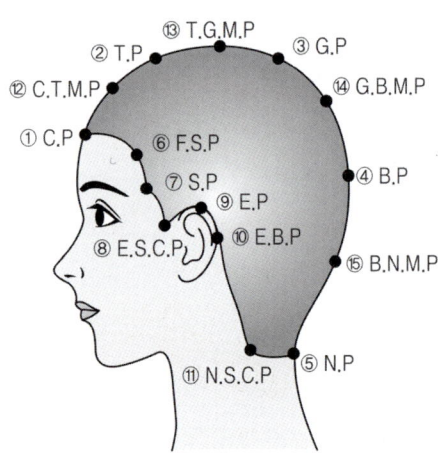

13 업스타일 올리는 방법

업스타일을 올리는 방법은 소라머리, 섹션 없이 하는 머리의 프렌치 트위스트와, 두 섹션의 프렌치 트위스트의 조개머리 올리는 방법 등이 있다.

1. 소라머리 올리는 방법

프렌치 트위스트라고 한다. 소라머리(섹션 없이 하는 머리)를 올릴 때의 방법이다.
① 섹션을 얇게 해서 모발 가닥을 반대쪽으로 빗겨, 모발의 뿌리 부분까지 백콤을 고르게 넣는다.
② 살이 촘촘한 브러시로 모발 위에서 겉만 살짝 빗는다. 정수리 부분부터 차곡차곡 모발의 결을 맞추어 놓는다.
③ 뒤쪽 모발을 두피의 뿌리까지 모발 결이 가로로 가게끔 빗는다.
④ 큰 바비 핀을 서로 엇갈리게 꽂는다.
⑤ 백콤과 함께 두꺼운 부피의 핀이 고정되도록 높이에 따라 정수리 부분까지 핀을 꽂는다.
⑥ 핀 작업이 끝나면 세로 모발의 결을 잘 맞추어 놓는다.

⑦ 중앙의 핀을 덮어 빗질하고, 오른손을 중앙의 핀이 있는 곳에 넣고 모발의 끝을 잡은 뒤 손을 튼다. 이때 목 부분을 타이트하게 돌려야 목 부분이 단단하며 예쁘게 된다.

2. 꼬아 만들기

① 컬이 없는 스트레이트 모발로 시작하되, 일부분은 삼각형으로 섹션을 넣는다.
② 두 가닥으로 나누어 한 번 꼰다.
③ 먼저 만든 두 가닥을 한번 땋고, 뒷자리에 오면 옆의 섹션에 손가락을 넣어 먼저 것과 함께 양쪽에서 집어 계속 땋는다.
④ 귀밑머리로 내려갈 때 헤어 라인이 너무 느슨해지지 않도록 한다.
⑤ 다른 쪽도 같은 방법으로 꼬아 내려간다.
⑥ 땋은 끝을 구부려 안쪽으로 접고, 천천히 목 부분으로 늘어뜨려 핀을 꽂아 고정시킨다.
⑦ 끝 부분을 핀으로 고정시킨다.

3. 리본형 업스타일

① 세 부분으로 섹션한 뒤 뒤쪽의 모발을 귀 중간쯤까지 올린다.
② 가르마 없이 올백으로 넘겨 정수리부터 둘로 나눈다. 한쪽을 묶고 다른 한쪽을 그 옆에 놓고 핀으로 고정시킨다.
③ 묶은 모발을 세 등분하고 양옆으로 각각 티징을 많이 넣어 큰 리본을 만든다. 끝 모발은 아래로 곱게 빗어 조개껍질형을 만들고, 안을 핀으로 고정시킨다.

14 업스타일과 얼굴형

업스타일을 만들 때 주의해야 할 일은, 얼굴형과의 관계 설정을 잘 해야 한다는 점을 잊지 말아야 한다. 모발의 결에 따라, 빗겨나간 선과 모양새에 따라 젊게 보이기도 하고 나이 들어 보이게도 엮어낼 수 있다. 때문에 업스타일의 기법에서는 '이런 것이다' 하고 내놓을 공식적인 해법이 없다.

업스타일이라고 하는 헤어스타일의 용어는 같지만 만드는 사람의 개성에 따라, 모델의 체

격에 따라, 모델의 얼굴형에 따라 전혀 다른 예술적 헤어스타일로 만들어 낼 수 있기 때문이다. 각기 얼굴이 다르고 모발의 질과 감이 다른 고객을 모델로 삼아 작품을 연출하는 과정이므로 모델과의 호흡도 실기 못지않게 중요하다.

헤어디자이너가 작품을 만들고 있는 모델인 고객의 얼굴과 이마에 따라서 그 고객에게 가장 잘 어울리는 창작 예술품으로 연출해야 하는 만큼 헤어디자이너의 미용 기술을 한눈에 볼 수 있다는 매력이 있다.

1. 얼굴형에 따른 업스타일

(1) 젊게 보이는 업스타일
 ① 먼저 앞머리를 잘 정돈해야 한다.
 ② 모발의 빗겨나간 선이 중요하다.
 ③ 눈썹, 눈 꼬리, 옆 모발의 평행선에서 위쪽으로 빗긴다.
 ④ 컬을 가볍게 하여 자연스럽게 꾸민다.
 ⑤ 올려놓은 뒤쪽 모발의 형체가 앞에서도 약간 보이게 한다.
 ⑥ 앞이마가 투박해 보이지 않게 한다.
 ⑦ 앞이마의 볼륨을 높게 하지 않는다.

(2) 나이 들어 보이는 업스타일
 ① 눈썹 끝과 눈 꼬리의 평행선에서 아래로 내려가게 빗긴다.
 ② 옆 모발의 평행선에서 아래쪽으로 흐르게 한다.
 ③ 앞 모발에 볼륨을 준다.
 ④ 앞머리 중간쯤에 웨이브를 준다.
 ⑤ 올린 형태가 투박한 느낌이 들게 한다.
 ⑥ 올린 형태가 풍성한 모양으로 뭉쳐지게 한다.

(3) 무난해 보이는 업스타일
① 눈 꼬리와 눈썹 끝의 평행선 아래로 빗긴다.
② 옆 모발도 평행선에서 아래쪽으로 빗긴다.
③ 모발을 후두부 중간쯤에서 정리한다.

(4) 긴 얼굴의 업스타일
① 모발을 눈썹 끝과 눈 꼬리에 평행이 되도록 빗긴다.
② 양옆에 볼륨을 준다.
③ 이마에 전체적으로 자연스러운 컬이 흘러내리게 한다.
④ 얼굴의 길이가 짧아 보이도록 컬을 한다.
⑤ 뒤쪽 모발은 후두부나 목덜미에 둔다.
⑥ 가로로 넓게 만든다.

(5) 둥근 얼굴의 업스타일
① 옆 모발의 평행선에서 위나 아래로 늦추어 빗긴다.
② 눈썹 끝과 눈 꼬리의 평행선에서 위나 아래로 빗긴다.
③ 뒤쪽 모발은 정수리 부분보다 높게 한다.
④ 뒤쪽 모발을 목덜미에 늦추어 정리한다.

(6) 키가 작고 목이 짧은 사람의 업스타일
① 키가 작은 사람은 정수리 부분을 높게 올린다.
② 목이 짧은 사람도 정수리 부분을 높게 올린다.
③ 뒷머리에 세로로 가르는 선을 만든다.

2. 업스타일 만들기의 실제

업스타일의 기법은 무척 다양하다. 일반적인 기법으로는 사과 반쪽형, 삼각형 조개껍질 모양, 조개껍질형, 납작한 조개껍질형, 볼륨 조개껍질형 만들기 등이 있다.

(1) 사과 반쪽형 만들기
　① 섹션 밑에 백콤을 적당히 넣는다.
　② 모발 위 부분을 깨끗하게 빗긴다.
　③ 겉 부분을 가볍게 빗긴다.
　④ 두피 쪽에서 바비핀으로 고정시킨다.
　⑤ 만들려는 업스타일의 크기에 맞춰 끝 부분도 핀으로 고정시킨다.

(2) 삼각형 조개껍질 모양 만들기
　① 모발을 삼각형으로 빗는다.
　② 섹션의 위쪽을 바비핀으로 꽂아 고정시킨다.
　③ 손가락으로 둥글고 넓게 밑으로 내린다.
　④ 바비핀으로 고정시킨다.
　⑤ 밑넓이를 넓게 도는 둥글게 한다.

(3) 납작한 조개껍질형 업스타일
　① 두피 쪽에서 바비핀으로 고정시킬 때 섹션을 둔다.
　② 겉 부분을 살짝 빗어 납작하게 만든다.
　③ 끝을 핀으로 고정시킨다.

(4) 조개껍질형 업스타일
　① 두피 쪽에서 바비핀으로 고정시킬 때 섹션을 조금 둔다.
　② 모발의 안쪽에 가벼운 백콤 처리를 해도 좋다.
　③ 모발 가닥을 약간 옆으로 돌아가게 움직인다.
　④ 끝 부분을 핀으로 고정시킨다.

(5) 볼륨 조개껍질형 업스타일

① 섹션을 올려 빗는다.

② 모발 안쪽에 백콤을 넣고 핀을 고정시킨다.

③ 가볍게 빗고 원하는 만큼 크고 둥글게 만든다.

④ 끝을 핀으로 고정시킨다.

3. 모발 땋는 법

업스타일을 만들기 위해서는 모발을 땋아야 한다. 모발을 땋는 방법은 만들고자 하는 업스타일에 따라 다양하다.

(1) 조개껍질형 땋기

① 섹션의 두피 쪽을 들고 큰 바비핀으로 고정시킨다.

② 다른 두 섹션도 고정시킨다.

③ 모발의 왼쪽 가닥을 가운데 밑으로, 오른쪽 가닥은 왼쪽에서 온 모발의 가닥 밑으로 가게 한다.

④ 다시 오른쪽 모발은 가운데 모발 가닥 위로 가게 한다.

⑤ 컬이 없는 모발은 안으로 땋는 방법과 같다.

(2) 네 갈래 땋기

① 모발을 네 갈래로 나눈다.

② 가운데 두 갈래를 엇갈려 땋기 시작한다.

③ 옆의 우측 갈래는 왼쪽 것의 위로 얹고, 좌측 것은 우측 갈래 밑으로 가게 하여 땋는다.

④ 양쪽 두 갈래가 가운데 있게 땋고 우측 갈래가 밑으로, 좌측 갈래가 위로 가도록 땋는다.

(3) 여덟 갈래 땋기

① 여덟 갈래로 나누고, 중앙의 두 갈래를 옆으로 엮는다.

② 우측 갈래는 좌측 밑으로, 좌측 갈래는 우측 위로 가게 한다.

③ 끝의 갈래는 우측이 안으로, 좌측 끝 갈래는 안으로 가게 한다.

④ 중앙 두 갈래(좌측 세 번째, 우측 세 번째)를 서로 엮는다. 좌측은 우측 위로 가게 한다.

⑤ 좌우를 서로 엮는다. 중앙 두 갈래는 양 끝에 가 있다. 양 끝에서 세 번째를 가운데서 엮어 맨 끝으로 가도록 한다.

⑥ 양옆의 두 번째 갈래를 엮는다.

⑦ 중앙에서 서로 엮고 매면서 끝까지 엮어 나간다.

⑧ 양끝 갈래들을 중앙에서 서로 엮으면서, 끝으로 가며 계속 엮는다.

PART 02

ALL THAT UP STYLE

업스타일 기본

01 땋기 기법

가장 일반적인 방법은 세 가닥 안땋기로 세 가닥 중 가운데 가닥 위로 좌우 가닥이 올라가며 땋는 형태이다. 응용 기법으로 양쪽의 모발을 집어 연결하면서 땋을 수 있는데 이러한 기법을 일명 디스코 땋기(세 가닥 집어 안땋기, Invisible braid)라 한다. 가운데 매듭이 안으로 감추어진 것이 특징이며, 매듭이 밖으로 돌출한 형태는 콘로 땋기(Cornrow, 세가닥 집어 겉땋기, Visible braid)라 한다. 그 외 세 가닥 이상의 스트랜드로 땋기, 한쪽만 집어 땋기, 실이나 스카프를 넣고 땋기 등 다양한 기법으로 연출할 수 있다.

세 가닥 기본 땋기

세 가닥 집어 안땋기

세 가닥 집어 겉땋기

땋기 기법을 활용하여 업스타일을 완성한다.

프런트 사이드 포인트부터 네이프 3cm 위인 네이프 센터 포인트에 머리를 나누어 준 후 가운데 부분을 묶어준다.

백콤을 넣어 롤링 형태로 말아준다.

오른쪽 사이드 포인트부터 세 가닥 땋기를 하여 롤링 센터 포인트 부분으로 가져가 돌려준다.

왼쪽 사이드 포인트 부분도 마찬가지로 세 가닥 땋기를 하여 롤링을 말아준 부분에 돌려서 마무리한다.

02 꼬기 기법

가장 일반적인 방법은 한 가닥의 스트랜드를 오른쪽 또는 왼쪽의 한 방향으로 꼬는 한 가닥 꼬기이며, 그 외 두 가닥 꼬기, 집어 꼬기, 실이나 스카프를 넣고 꼬기 등 다양한 기법으로 연출할 수 있다.

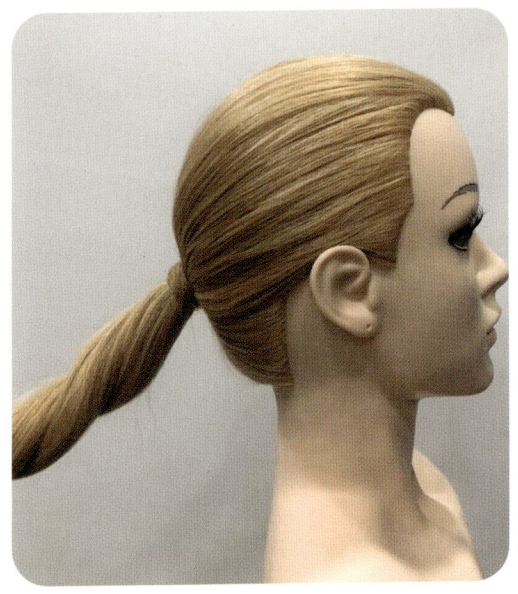

한 가닥 꼬기

두 가닥 꼬기

한 가닥 꼬기 기법을 활용하여 업스타일을 완성한다.

모든 머리를 골든 포인트 센터 부분에 가져와 묶어준다.

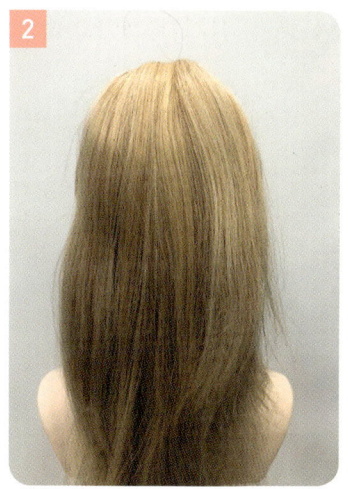

묶은 머리의 6분의 1가량을 잡아 한 가닥 꼬기를 해준다.

꼬기를 한 머리를 U핀과 실핀을 이용하여 시계 방향으로 돌려주며 빈 공간을 채운다.

총 여섯 갈래로 나누어 꼬기를 하여 시계 방향으로 돌려주며 빈 공간을 채워 마무리한다.

03 매듭 기법

가장 일반적인 방법은 두 가닥 매듭으로 두 가닥의 모발을 서로 교차하여 묶기를 연속하여 반복한다. 또 한 가닥만으로 연속하여 묶을 수도 있다.

한 가닥 매듭

두 가닥 매듭

두 가닥 매듭 기법을 활용하여 업스타일을 완성한다.

양쪽 이어 톱 포인트에서 골든 백 미디엄 포인트로 반원을 그려 두 갈래로 나누고, 윗머리는 골든 백 미디엄 포인트 부분과 네이프 센터 3cm 위로 묶어준다.

윗머리와 아랫머리를 교차시키 듯이 매듭짓는다.

매듭을 짖고 남은 머리는 서로 끌고 와서 매듭을 만든다.

균형을 생각하며 빈 공간에 매듭을 지어 마무리한다.

04 롤링 기법

패널을 크게 감아서 말아 주는 형태로 크게 수직 말기(롤링)와 수평 말기(롤링)가 있다.

롤링 기법(수직 말기)

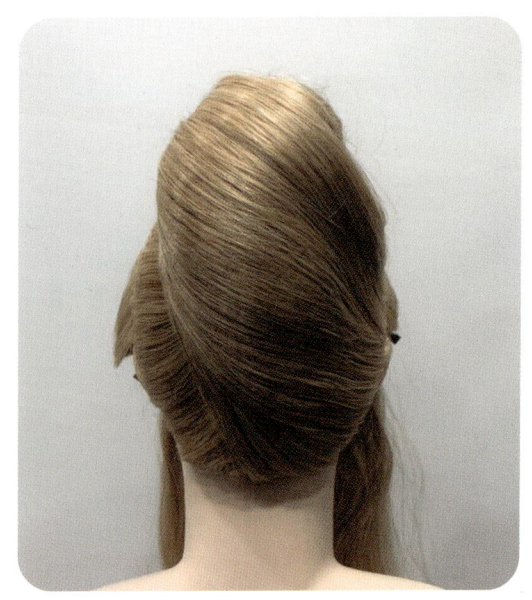

롤링 기법(수평 말기)

롤링 기법을 활용하여 업스타일을 완성한다.

이어 백 이어 포인트를 나누고 윗부분의 머리를 네이프 센터 4cm 위에 묶는다.

윗부분의 머리는 백콤을 최대한 많이 넣어준다.

묶어 놓은 머리의 밑부분을 활용해 백콤을 넣어준 부분에 롤링 기법을 이용해 백콤을 가려준다.

남은 머리는 롤링 기법을 한 부분 위쪽에 돌려서 마무리한다.

05 겹치기 기법

생선 가시 모양과 비슷하다고 해서 피시본(Fish bone) 헤어라고 말하며, 두 개의 스트랜드를 서로 교차하는 방식으로 땋기와는 다른 느낌으로 표현된다. 네이프에서 톱 또는 톱에서 네이프로 향하여 겹칠 수도 있고, 한 가닥에서 서로 겹칠 수도 있다.

한 가닥 겹치기 기법

두 가닥 겹치기 기법

겹치기 기법을 활용하여 업스타일을 완성한다.

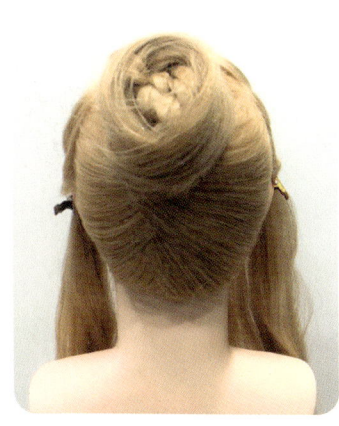

골든 톱 미디엄 포인트 부분부터 네이프 센터 5cm 위까지 삼각형으로 나누어 묶어준다. 묶은 머리는 꼬기 혹은 땋기를 이용해 시계 방향으로 돌려 고정시킨다.

삼각형으로 나누어 놓은 부분의 양쪽 머리는 왼쪽 네이프부터 8cm 정도의 폭으로 나누어 꼬기 혹은 땋기를 한 부분에 감싸준다.

왼쪽부터 시작해 오른쪽 왼쪽 같은 양의 폭으로 나누어 꼬기를 한 부분을 가려주고 고정시킨다.

오른쪽 사이드를 마무리로 모든 꼬기 부분을 가리며 말아주고 U핀을 넣어 꼬기 부분에 고정되도록 마무리한다.

06 고리 기법

모발을 구부려서 둥글게 감아 루프를 만드는 방식이다. 토대의 위치, 루프의 크기나 개수 및 방향 등에 따라 느낌이 다양하게 연출된다.

대칭 고리 기법

비대칭 고리 기법

고리 기법을 활용하여 업스타일을 완성한다.

이어 톱 이어를 나누고 핀셋으로 고정시킨 뒤 이어 백 이어 포인트로 파팅을 나누어 윗부분은 백부분에 묶어 주고 밑부분은 네이프 센터 2cm 위에 묶어준다.

윗부분을 고리 기법을 이용해 서로 교차시키면서 공간을 채워 나간다.

밑부분도 마찬가지로 빈 공간에 서로 교차해 가면서 고리 기법으로 완성한다.

우측 사이드 부분은 백 사이드 부분 옆으로 끌고 와 실핀으로 고정시킨 뒤, 빈 공간을 좀 더 채워주고 고리 기법을 이용해 마무리한다.

좌측 사이드 부분도 백 사이드 부분으로 끌고 와 실핀으로 고정시킨 뒤, 빈 공간을 채워가며 고리 기법을 이용해 마무리한다. 이때 사이드의 머리를 이용할 때 공간을 다 채우고 남은 머리는 실핀으로 이용해 백 부분에 고리 기법 밑으로 숨겨 마무리한다.

PART 03

ALL THAT UP STYLE

업스타일 실전

꽃다발의 향기

정면

뒷면

좌측

우측

디자인 테마	향기가 나는 꽃다발에있는 꽃을 표현
형태	장구형
표현기법	땋기, 고리, 선표현

🪒 시술 절차

  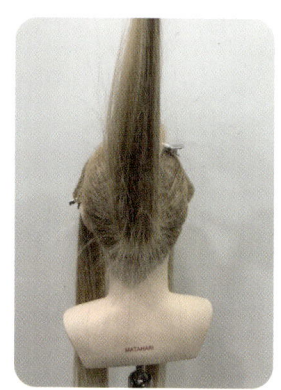

01 이어 백 이어로 파팅을 나누고 백 밑으로 센터 네이프 4cm 위로 묶어 고무줄을 가려준다. 묶은 머리의 5분의 1은 남기고 위로 핀셋 처리한다. 5분의 1의 머리는 백콤을 최대한 넣어 돔 형태의 모양으로 만들어준다.

02 5분의 1의 머리는 백콤을 최대한 넣어 돔 형태의 모양으로 만들고, 7:3의 비율로 오른쪽 가르마를 나누어준다. 왼쪽 사이드의 머리부터 마무리한다.

03 왼쪽 사이드는 기본 세 가닥 땋기에서 한쪽으로만 가져오는 땋기를 하고 땋기를 한 머리는 백에 묶어준 고무줄 위에 U핀으로 고정시킨다. 왼쪽 사이드는 뱅의 형태와 C에서 C가 연결되는 S 커브(S-curve)의 곡선으로 연결해 총 4단의 커브가 나올 수 있도록 선 표현을 해준다.

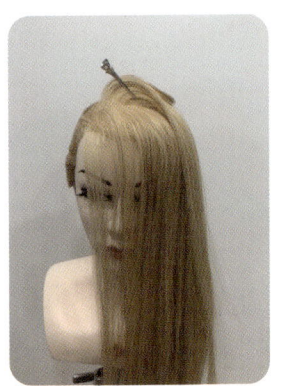  

04 앞으로 갈수록 좀 더 커지는 뱅을 표현한다. 제일 높은 뱅은 제일 앞부분에서 표현한다.

05 마지막 네 번째 선 표현을 한 후 남은 머리는 백 부분에 묶어둔 머리와 U핀을 이용해 고정시켜 준다.

06 마지막 네 번째 선 표현을 한 후 남은 머리는 백 부분에 묶어 두었던 머리와 U핀을 이용해 고정시켜 준다.

07 묶어둔 머리와 선 표현을 한 머리를 고정시킨 부분에는 양쪽 두 가닥 땋기(지네땋기)를 하여 양쪽을 펼쳐 겹치기와 같은 표현을 해준다.

  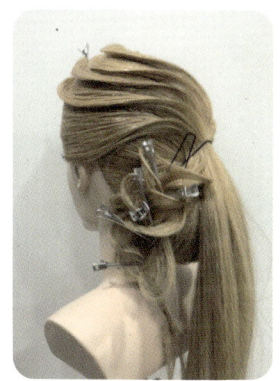

08 묶어둔 머리와 선 표현을 한 머리를 고정시킨 부분에는 양쪽 두 가닥 땋기(지네땋기)를 하여 양쪽을 펼쳐 겹치기와 같은 표현을 해준다.

09 총 다섯 가닥으로 나누어 07~08에서와 같은 표현을 해준다.

10 총 다섯 가닥으로 나누어 07~08에서와 같은 표현을 해준다.

11 마지막 오른쪽 약간의 남은 머리는 가운데의 U핀을 가리는 데 사용해 마무리한다.

완성 컷

정면

뒷면

좌측

우측

붉은 장미

정면

뒷면

좌측

우측

디자인 테마	땋기를 이용하여 장미꽃 잎 하나하나 표현한 느낌
형태	장구형
표현기법	땋기, 꼬기, 선 표현

✂ 시술 절차

01 파팅은 이어 투 이어로 나누고 7:3 비율로 왼쪽 가르마를 탄다.

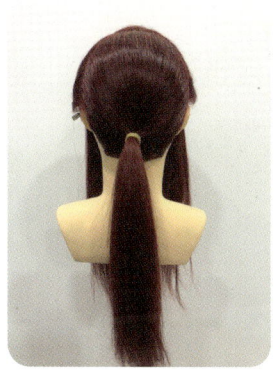  

02 센터에서 네이프 4cm 위에 묶은 후 왼쪽 사이드를 묶은 위치에 임시로 고정시킨다.

03 왼쪽 사이드 부분에 세 가닥의 선 표현을 해준 후 고무줄로 뒷머리와 묶은 뒤 고무줄을 가린다.

  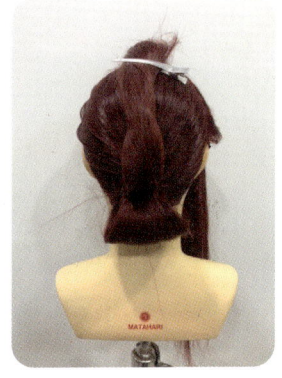

04 백 부분의 모발 양을 아랫부분이 1, 윗부분이 5가 되도록 비율을 나누어 위에 고정시킨 후 아랫부분에 백콤을 넣어 돔을 만들어준다.

05 위에 고정시켜 놓은 머리를 총 5등분으로 위, 아래, 양옆, 가운데로 나누어준다. 모발 양은 가운데를 가장 적게 남겨둔다.

  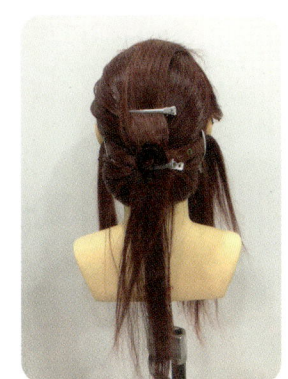

06 가운데의 모발 양을 원형으로 돌려준다.

07 가운데를 원형으로 돌려준 후 왼쪽에 빼둔 모발 양을 반으로 나누어 C 커브의 한 면을 만들어준다. 그런 다음 가운데의 원형 나머지 머리를 뒤의 머리랑 합친다. 위에 나누어 놓은 모발 양의 절반을 꽃잎 모양으로 만들어준다.

08 나머지 머리도 반씩 나누어 총 다섯 가닥의 C 커브를 만들어준다. 총 9~10가닥의 잎을 만들어준다. 마지막 오른쪽 사이드로 넘어가 프런트 사이드 포인트부터 가이드라인까지 삼각형으로 파팅을 나눈다.

09 삼각형 부분에 백콤을 넣고 백콤을 덮은 다음 겉빗질로 빗어준다. 사이드의 머리를 반으로 나누어 두 가닥 꼬기로 만들어준다.

 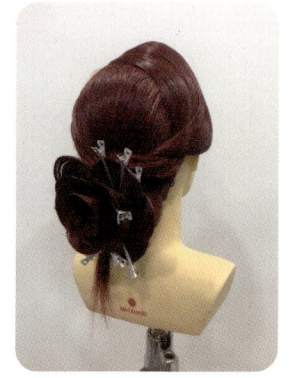 

10 꼬기를 한 부분에 세 가닥의 선 표현을 해준 후 꽃잎 밑의 돔 부분에 나머지 머리를 넣어서 마무리한다.

완성 컷

정면

뒷면

좌측

우측

은하계의 별

정면	뒷면

좌측	우측

디자인 테마	날렵하지만 풍성하고 부드러운 조화
형태	장구형
표현기법	땋기, 고리, 선 표현

시술 절차

  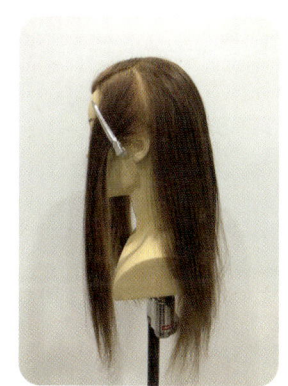

01 파팅은 이어 투 이어 라인으로 나누고 왼쪽 가르마를 7:3의 비율로 나눈다.

02 백은 네이프 센터 4cm 위에 묶어준다. 묶은 뒤 고무줄은 반드시 가려준다.

03 묶은 머리는 양쪽으로 2분의 1로 나누어준다. 나눈 머리의 왼쪽 부분을 세 가닥 땋기하고 땋은 부분의 양쪽을 잡아당겨 펼쳐준다. 펼친 머리를 먼저 왼쪽 부분에 U핀으로 고정시킨다.

  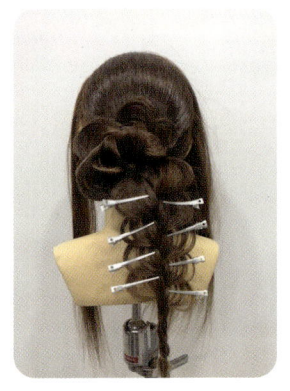

04 왼쪽에서 시계 방향으로 돌려준다. 끝 부분은 실핀이나 U핀으로 고정시킨다. 오른쪽의 반으로 나눈 머리도 왼쪽과 같은 방법, 같은 방향으로 돌려준다.

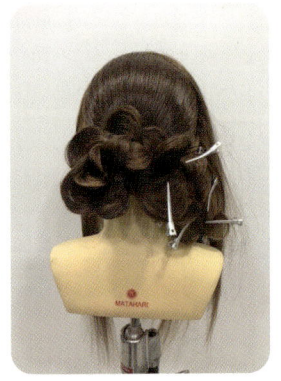  

05 시계 방향으로 돌려 마무리한 후 왼쪽 사이드 부분으로 넘어간다.

06 왼쪽 사이드 부분은 꼬기 기법을 이용하여 꼬집듯이 세 가닥을 뽑아준다. 나머지 머리는 뒤의 땋기 밑으로 숨겨준다. 실핀으로 마무리한 후 오른쪽 사이드로 넘어간다.

07 프런트 사이드 포인트부터 가르마 끝 부분까지 삼각형으로 파팅을 나눈 후 백콤을 넣어준다. 백콤 부분을 덮은 후 빗어서 꼬집어 다섯 가닥을 빼준다.

08 뽑은 다섯 가닥을 고정시킨 후 실핀이나 U핀을 이용하여 고정시킨다.

09 프런트 사이드 포인트부터 남은 사이드 부분을 꼬기 기법으로 첫 번째 고정시켜 놓은 U핀 뒤로 고정시켜 준다. 고정시킨 뒤 세 가닥의 선 표현을 해준 후 뒤의 남은 머리도 C 커브를 하여 S 커브가 되도록 해준다. S 커브를 만든 다음 뒤의 C 커브도 세 가닥으로 나누어준다.

10 나머지 머리도 S 커브를 해준 뒤 세 가닥으로 나누고 남은 머리는 밑의 땋기 밑으로 실핀이나 U핀을 이용하여 마무리한다.

완성 컷

정면

뒷면

좌측

우측

꽃이 피기 전

정면

뒷면

좌측

우측

디자인 테마	꽃이 피기 전 모습을 표현한 느낌
형태	장구형
표현기법	땋기, 꼬기, 고리

시술 절차

01 파팅은 이어 투 이어로 나누고 7:3 비율로 오른쪽 가르마를 타준다. 골든 포인트 위치에 묶고 묶은 부분은 양을 2분의 1로 해서 반으로 나눈 후 각 부분 밑부분에 백콤을 넣어준다.

02 나누어 놓은 오른쪽 부분에 반시계 방향으로 고리를 만든 후 고리 부분에 꼬집듯 머리를 뽑아 선 표현을 한다. 왼쪽 나머지 모발 양도 마찬가지로 선 표현을 하고 나머지 머리는 고리 밑부분으로 숨겨준다.

03 오른쪽 가르마로 나눈 왼쪽 가르마 부분을 먼저 만들어준다. 파팅 폭은 1.5cm 정도로 사선으로 타며 첫 부분의 뱅을 제일 높게 정해준다. 총 네 단의 앞머리를 만들어준다.

04 네 단의 앞머리와 프런트 사이드 밑 부분의 사이드 머리를 두 가닥 꼬기를 하여 꼬기 부분에 두 개의 선이 표현되도록 해준다.

05 오른쪽 사이드의 머리는 꼬기를 하여 서너 가닥 선 표현을 하고, 나머지 머리도 꼬기를 하여 두 가닥의 선 표현을 해준 후 마지막 남은 머리는 뱅을 표현한다.

완성 컷

정면

뒷면

좌측

우측

나뭇잎의 이슬

정면

뒷면

좌측

우측

디자인 테마	나뭇잎 위에 맺혀 있는 이슬 같은 물방울을 표현
형태	마름모꼴
표현기법	뱅, 고리, 꼬기

✂ 시술 절차

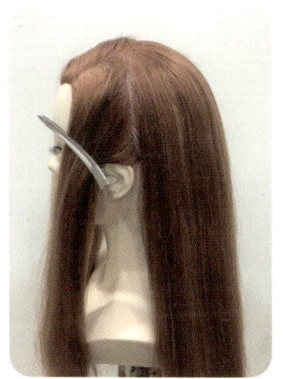  

01 이어 백 이어로 파팅을 나누어준다. 7:3 비율로 왼쪽 가르마를 탄다.

02 센터에서 네이프 5cm 위에 묶은 후 모발 양을 5분의 1(밑부분의 모발 양이 5 비율)로 나누고 밑부분에 백콤을 넣어준다.

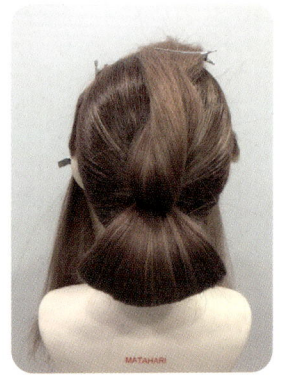 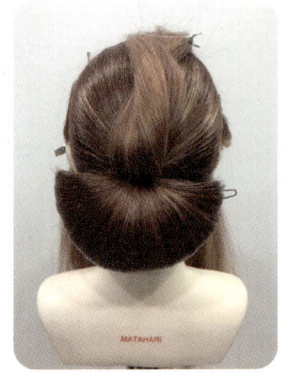 

03 돔을 형성한 준 후 양쪽의 높이가 같도록 펼쳐준다.

04 왼쪽의 사이드 부분은 꼬기 기법을 이용하여 세 가닥의 선 표현을 해준다. 남은 부분은 고무줄 위에 U핀을 이용하여 고정시킨다.

05 오른쪽 사이드로 넘어가 프런트 사이드 포인트에서 백콤을 넣고 백콤 넣은 부분을 덮어준다.

06 오른쪽 사이드 부분은 두 갈래로 나누어 C 커브와 C 커브를 연결해 S 커브로 만들어준다. 그 사이에 뱅을 만들 한 가닥은 따로 빼둔다.

07 빼둔 머리는 뱅으로 돌려준다. 뱅은 두 가닥이 표현되도록 만들어준다.

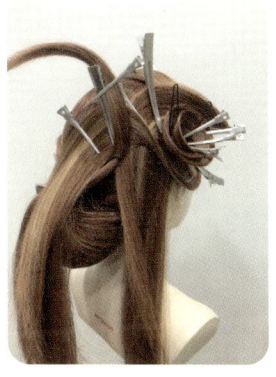  

08 다음 커브의 중간에도 뒤에서 미리 빼두었던 머리를 끌고 와 U핀으로 미리 고정시켜 둔다.

09 다음 부분도 마찬가지로 가운데 모양을 뱅으로 표현할 만큼만 빼둔 후 C 커브를 만들어준다.

10 마지막으로 머리를 C 커브로 만들어둔 후 따로 빼두었던 뱅을 만들어준다. 마지막 머리는 남은 머리로 뱅을 만들어 마무리한다.

완성 컷

정면

뒷면

좌측

우측

꽃 옆의 개울가

정면

뒷면

좌측

우측

디자인 테마	뒷면의 꽃다발 같은 뱅과 옆의 개울가가 흐르는 듯한 웨이브 표현
형태	장구형
표현기법	꼬기, 뱅, 웨이브

시술 절차

01 이어 백 이어로 파팅을 나누고 백 밑으로 센터 네이프 4cm 위로 묶어 준 다음 고무줄을 가려준다.

02 왼쪽 사이드의 머리는 꼬기를 하여 세 가닥의 선 표현을 해준다.

03 왼쪽의 사이드 부분은 묶어 놓은 부분 우측에 실핀으로 고정시킨다. 오른쪽 사이드 부분은 프런트 사이드 포인트에서 일자로 먼저 나누어준다.

04 프런트 사이드 포인트 부분은 묶어 놓은 부분 좌측에 실핀으로 고정시킨다. 가르마 뒷부분은 1cm가량 선으로 표현한다.

05 앞의 C 커브를 만든 후 뒤에서도 다시 한 번 C 커브를 연결해 S 커브를 만들어준다. 두 번째 뱅은 뒤에서 만든 것보다 1cm 더 높게 설정해 만든다.

06 세 번째와 두 번째는 같은 높이로 설정해 만들어준다. 네 번째 뱅의 크기는 뒤보다 약간 낮게 설정한다.

07 세 번째 뱅과 네 번째 뱅 사이에 선 표현을 하나 더 해준다. 그 후 뒤로 넘어간 머리는 묶어 놓은 부분에 하나로 모아 좌측으로 실핀으로 고정한다.

08 먼저 가운데 윗부분에 뱅을 먼저 표현해준다. 총 두 가닥의 선 표현이 되도록 뱅을 만든 후 좌측 부분에 똑같은 양으로 나누어 뱅을 만들어준다.

09 윗부분 밑 가운데에 뱅을 같은 모양으로 만들고 우측으로 넘어가 같은 방법으로 뱅을 만든다.

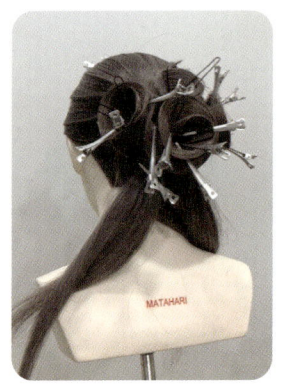

10 좌측 밑부분과 우측 밑부분도 같은 방법으로 뱅을 만들어준다.

11 남은 머리는 우측으로 빼고 우측의 남은 머리는 웨이브를 넣는다. 웨이브를 넣은 부분에 간격에 맞추어 핀컬을 이용해 선 표현을 해준다.

완성 컷

정면

뒷면

좌측

우측

돌고 도는 태엽

정면

뒷면

좌측

우측

디자인 테마	모든 머리가 같은 방향으로 돌지만 다 같이 이어지는 느낌을 표현
형태	장구형
표현기법	뱅

시술 절차

01 파팅은 이어 투 이어 라인으로 나누고 왼쪽 가르마를 7:3으로 타준다. 백의 머리는 골든 포인트 부분에 묶어준다.

02 왼쪽 사이드의 머리는 묶어 놓은 부분 윗부분에 실핀으로 고정시킨 후 오른쪽 사이드로 넘어가 가르마 첫 부분을 제일 높게 세워준다.

03 첫 번째를 기점으로 점점 낮아지게 C 커브로 만들어준다. C 커브를 만든 후 그 뒤에 다시 C 커브가 생성되도록 묶어둔 부분으로 보내준다.

04 두 번째 머리부터는 점점 눕혀서 C 커브의 형태만 나오도록 묶어둔 부분까지 끌어준다.

05 여섯 번째까지 C 커브를 만든 후 묶어둔 머리 왼쪽 부분에 실핀으로 고정시켜 둔다. 묶어둔 머리는 상, 하, 좌, 우로 나눈다.

06 하단에 나누어 놓은 머리를 반으로 나누어 오른쪽 부분의 뿌리를 먼저 고정시켜 둔다. 그런 다음 뱅으로 돌려준다. 뱅은 두 가닥의 표현이 나올 수 있도록 돌려줘야 한다.

07 하단을 먼저 마무리하고 우측으로 넘어와 마찬가지로 두 가닥의 뱅이 표현되도록 만들어준다.

08 위쪽도 마찬가지로 두 가닥의 표현이 나오도록 뱅을 만들어준다.

09 좌측도 동일하게 만들어준다.

10 앞에서 반으로 나눈 머리는 우측 뱅 밑으로 돌려주며 뒷머리 위쪽으로 연결한다.

11 우측의 남은 절반은 뒷머리 뱅 밑으로 돌려 앞머리와 연결한다.

🔺 완성 컷

정면	뒷면

좌측	우측

흔들리는 마음

정면

뒷면

좌측

우측

디자인 테마	흔들리는 듯한 마음을 머리에 가득 찬 느낌으로 표현
형태	장구형
표현기법	고리, 말기, 뱅

✂️ 시술 절차

01 파팅은 이어 투 이어 라인으로 나누고 가르마 7:3으로 왼쪽 가르마를 탄다. 백의 머리는 센터에서 네이프 5cm 위로 묶은 후 고무줄을 가려주고 묶어둔 머리 밑 부분에 백콤을 넣어준다.

02 백콤을 넣은 머리를 말아준다. 이때 양쪽이 같은 위치선상에 펼쳐질 수 있도록 고정시켜야 한다.

03 오른쪽 사이드 머리부터 시작한다. 오른쪽 프런트 사이드 포인트부터 가르마 끝 지점까지 삼각 섹션으로 나누어준다. 삼각형을 나누어 준 부분에 백콤을 넣어준다. 백콤을 넣은 후 머리를 덮어 백콤의 지저분한 머리를 가릴 수 있도록 덮어준다.

04 가르마를 앞머리로 덮은 후 C 커브의 형태가 나올 수 있도록 뒤로 끌어준다.

05 뒤로 끌어준 C 커브의 머리에 선 표현을 해준다. 오른쪽의 남은 머리도 같은 위치로 끌어와 합친다. 합친 후 위의 선 표현에 맞춰 선을 표현해준다.

  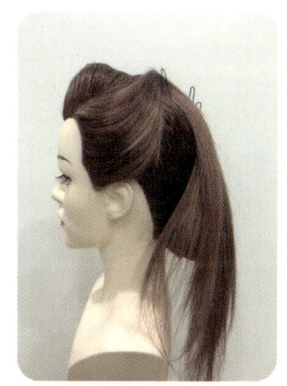

06 오른쪽 사이드 머리를 마친 후 왼쪽 사이드로 넘어간다. 왼쪽 사이드의 머리를 오른쪽의 선 표현 부분까지 끌어올려 세 가닥의 선 표현을 해준다.

07 세 가닥의 선 표현을 한 후 또 한 번의 C 커브를 만들어 세 가닥의 선 표현을 해준다.

08 세 가닥의 선 표현이 끝난 후 오른쪽으로 넘어간다. 오른쪽에서 남은 머리 중 반을 뱅으로 만들어준다.

09 뱅은 총 세 줄이 보일 수 있도록 표현을 해준다.

10 오른쪽의 남은 머리는 C 커브로 펼쳐 세 가닥의 선 표현을 해준다.

11 왼쪽의 남은 머리는 가운데 C 커브에 맞춰 같은 모양으로 펼쳐준 뒤 두 가닥으로 나누어 연결해준다. 연결하고 남은 머리는 위의 뱅과 반대 방향으로 돌려준다. 이것 역시 세 가닥이 표현되도록 뱅을 만들어준다.

완성 컷

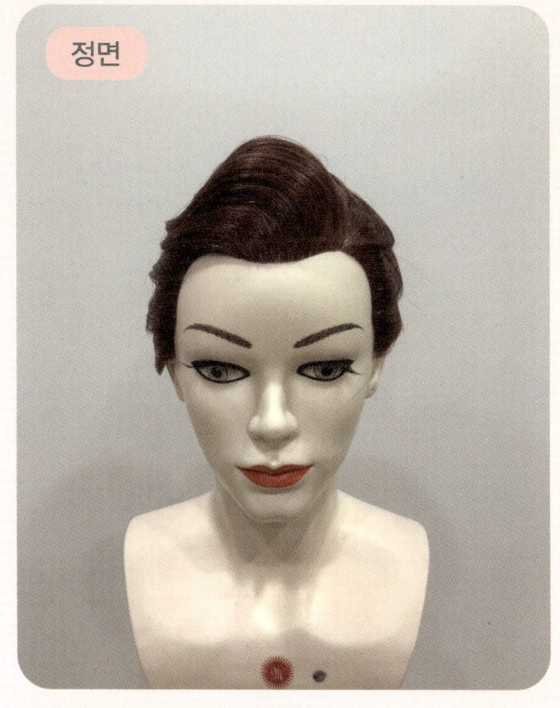
정면

뒷면

좌측

우측

꽃을 담은 그릇

정면

뒷면

좌측

우측

디자인 테마	한곳에 꽃이 옹기종기 모여 있는 모습을 표현
형태	장구형
표현기법	겹치기, 꼬기, 고리

🔧 시술 절차

01 이어 백 이어로 파팅을 나누어준다. 백 밑으로 센터 네이프 4cm 위에서 묶어준 뒤 고무줄을 가려준다.

02 백콤을 넣어 돔을 만들어준다.

03 윗머리 부분은 가운데, 왼쪽, 오른쪽 세 단으로 나눈다. 파팅은 지그재그로 나누어준다.

  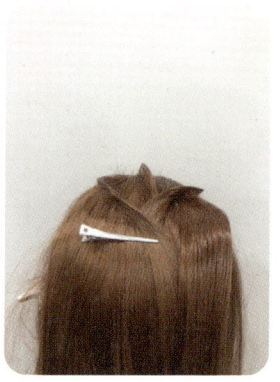

04 센터 부분에 선 표현을 하나 해준 뒤, 오른쪽부터 한 단씩 겹치기를 해준다. 겹쳐지는 부분은 조금 더 늘려서 겹쳐준다.

05 나머지의 모발 양도 겹치기와 동일하게 센터 파트로 진행한다.

06 나머지의 모발 양도 겹치기와 동일하게 센터 파트로 진행한다.

 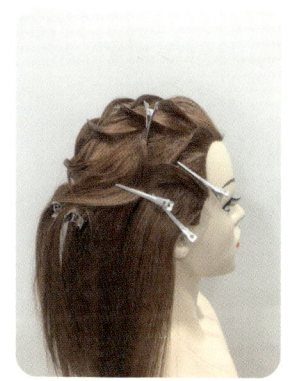 

07 오른쪽 사이드의 머리는 오른쪽 사이드의 가운데 부분에서 했던 것과 마찬가지로 겹치기를 이용해 완성한다.

08 왼쪽의 사이드 부분은 꼬기 기법을 이용해 선 표현을 해준다.

09 나머지 남은 머리들은 꼬기를 이용하여 선을 표현해주며, 먼저 만들어 놓은 돔 밑으로 선 표현을 하고 남은 머리는 실핀과 U핀을 이용해 마무리한다.

🌸 완성 컷

정면

뒷면

좌측

우측

티아라

정면

뒷면

좌측

우측

디자인 테마	여왕이 쓰는 티아라처럼 심플하고 깔끔한 왕관을 쓴 느낌
형태	삼각형
표현기법	말기, 뱅, 웨이브

시술 절차

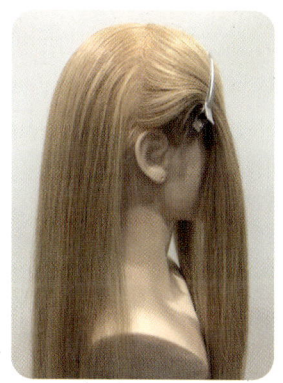 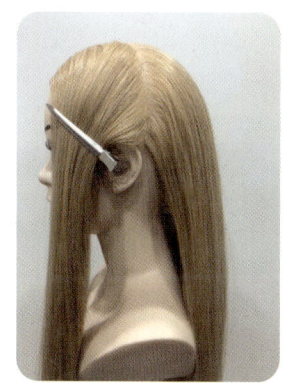 

01 파팅은 이어 투 이어로 나누어준다. 백의 뒷부분에서는 이어 탑에서 이어 탑까지 라운드로 나누어 준다.

02 센터에서 네이프 위 5cm 위치에 묶어준다. 묶은 다음 위의 머리는 두 바퀴를 꼬아 실핀으로 고무줄 위쪽으로 고정시킨다. 고정시킨 머리는 밑부분에 백콤을 넣어준다.

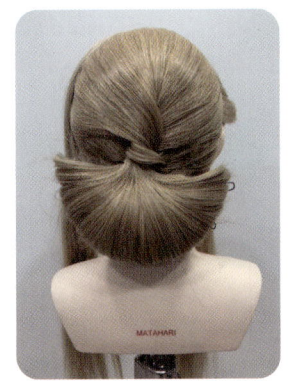

03 백콤을 넣어 양쪽의 높이가 같은 위치가 되도록 펼쳐준 후 고정시킨다.

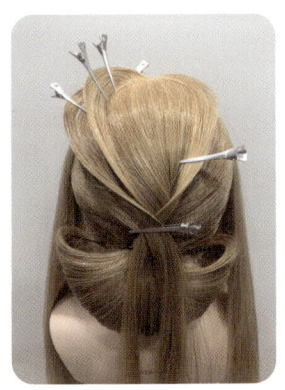

04 양쪽의 가르마 뒷부분부터 선 표현을 해준다. 선은 같은 높이로 표현되며 묶인 부분으로 모여지는데, 이때 모양은 겹치기 모양이다.

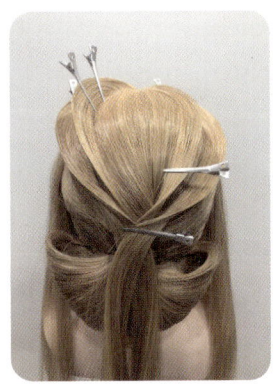

05 양쪽에 표현되는 선은 각 네 개의 선으로 표현되며 앞머리를 남겨둔 후 C 커브를 만들어준다.

06 뒤에서 겹쳐진 머리를 이용해 양쪽으로 세 가닥씩 선 표현을 해주며 돔 윗부분에서 한곳에 모아 뱅으로 표현한다.

07 뱅으로 표현해 준 후 우측도 마찬가지로 세 가닥으로 나누고 마무리는 뱅으로 표현한다.

08 앞머리는 컬을 넣은 후 길이를 설정해 잘라준다.

09 길이를 설정한 후 웨이브를 깔끔하게 마무리한다. 좌측도 마찬가지로 웨이브를 맞추어 완성한다.

완성 컷

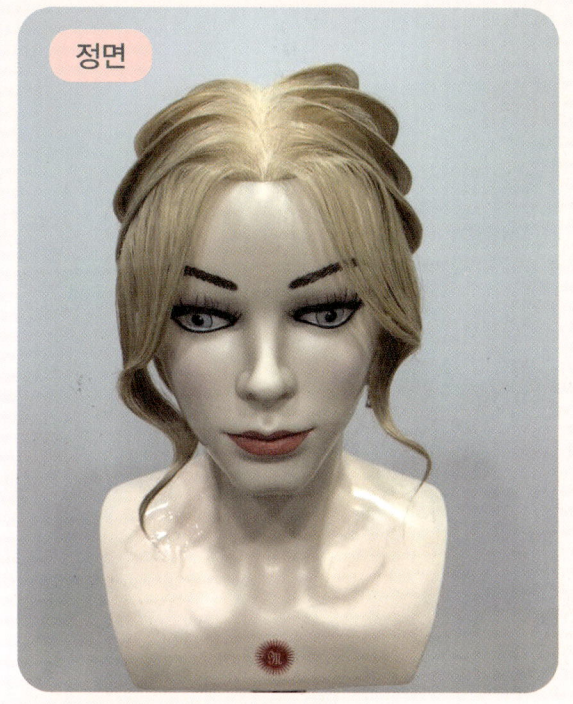
정면

뒷면

좌측

우측

우연의 만남

정면

뒷면

좌측

우측

디자인 테마	끝에서 끝이 우연히 만나듯 페이스 라인과 네이프의 머리가 합쳐지는 것을 표현
형태	장구형
표현기법	말기, 뱅

시술 절차

01 이어 투 이어로 나누고 백의 뒷부분에서는 이어 탑에서 네이프 센터까지 라운드로 파팅을 나누어준다. 이어 탑에서 네이프 센터까지 나누어 놓은 머리는 남기고, 이 파팅의 중간 부분에 묶어준다. 묶은 머리의 밑 부분에 백콤을 넣어준다.

02 돔은 우측으로 좀 더 당겨서 우측으로 조금 치우치게 형성해준다. 우측 사이드부터 선 표현을 하며 첫 번째 S 커브에 맞춰 나머지 머리도 연결한다.

03 S 커브는 1cm 간격으로 만들어야 한다. 좌측도 마찬가지로 각 선 표현이 1cm를 유지되도록 표현한다.

04 좌측 사이드 머리를 마무리한 후 양쪽 사이드의 머리는 머리를 묶은 위치에 한곳에 모아 핀컬로 고정시킨다. 우측 네이프에 남겨둔 머리는 돔을 감싸며 아래에서 위로 향하는 C 커브로 위의 커브와 연결시켜 모아 놓은 머리와 겹쳐준다.

05 총 여섯 가닥의 선 표현을 해주며 사이드의 머리들과 합쳐 뱅으로 만들어준다.

완성 컷

정면

뒷면

좌측

우측

바람에 흔들리는 리본

디자인 테마	선 표현으로 바람에 흩날리는 리본을 표현
형태	장구형
표현기법	말기, 고리

🪒 시술 절차

01 이어 투 이어로 나눈 후 7:3 비율로 왼쪽 가르마를 나눈다. 백에서는 이어 탑에서 이어 탑으로 위로 라운드로 파팅을 탄다. 센터에서 왼쪽으로 2cm 옆, 네이프 4cm 위에 묶어준다. 묶은 위의 부분은 우측으로 꼬아 U핀을 이용해 임시로 고정하고, 머리 사이사이의 머리를 뽑아 선 표현을 해준다.

02 뽑은 머리를 좀 더 섬세하게 정리해 스프레이로 고정시킨 후 U핀으로 고정한다. 밑의 머리에는 5분의 1가량 남기고 밑부분에 백콤을 넣어준다.

03 백콤을 넣은 후 좌측으로 치우치도록 돔을 펼쳐준다.

04 5분의 1가량의 모발은 다섯 가닥의 선 표현을 해준다.

05 선 표현을 완성한 후 좌측 사이드의 머리로 넘어가 꼬기를 하여 U핀으로 임시 고정한 후 세 가닥의 선 표현을 해준다.

06 우측 프런트 사이드 포인트부터 가르마 끝으로 삼각 섹션을 나눈 후 밑의 머리는 미리 백의 묶어 놓은 부분으로 가져가 U핀으로 고정시킨다.

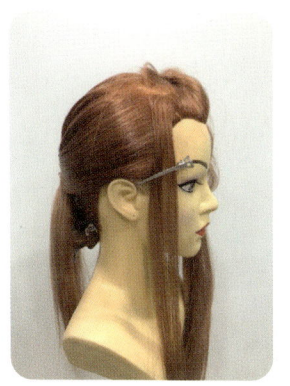  

07 삼각 섹션 밑부분에 백콤을 넣어준다.

08 백콤을 덮어 깔끔하게 빗어 고정시키고, 남은 모발은 백의 묶어둔 위치에 고정시킨다. 그런 후 네 가닥의 선 표현이 나올 수 있게 사이사이를 갈라준다.

09 우측에 세 가닥의 모량을 미리 빼서 웨이브를 넣는다.

10 총 세 가닥으로 크게 나눈 다음 왼쪽의 머리를 고리로 만들어 고정시킨다. 우측 모발도 마찬가지로 고정시킨다.

11 가운데의 남은 모량도 실핀을 이용해 사이에 말기를 만든 후 고정시켜 마무리한다. 그 다음 우측 사이드의 미리 빼둔 세 가닥은 길이를 설정하여 자연스러운 웨이브를 만들어준다.

완성 컷

정면

뒷면

좌측

우측

절벽 위의 폭포

정면

뒷면

좌측

우측

디자인 테마	절벽 위에서 물줄기가 흘러내리듯 가장 윗부분에서 떨어지는 물줄기의 느낌을 표현
형태	장구형
표현기법	고리, 뱅

✂ 시술 절차

01 이어 투 이어로 나눈 후 백 부분의 머리는 골든 포인트 위치에 묶은 다음, 묶은 부분은 고무줄을 가려줘야 한다. 묶은 부분의 오른쪽 머리는 감싸주는 머리띠 역할을 하기 위해 미리 빼둔다.

02 묶은 머리에서 5분의 1가량의 모량을 미리 빼둔 후 밑부분에 백콤을 넣어준다. 백콤을 넣은 후 묶은 위치 윗부분에 고무줄과 실핀을 연결하여 앞쪽으로 향하도록 고정시킨다.

03 백콤을 넣은 머리 윗부분은 깔끔하게 정리해 스프레이로 고정시킨다. 정리 후 센터 부분의 머리를 먼저 C 커브로 만들고 C 커브 뒤의 남은 모량은 다시 반대로 C 커브를 만들어 U핀으로 임시 고정한다.

04 센터를 가장 높게 설정한 후 양쪽으로 점점 낮아지게 S 커브를 설정해준다.

05 세 번째도 마찬가지로 S 커브가 보이도록 마무리한다. 네 번째부터 일곱 번째까지는 C 커브만 나올 수 있도록 눕혀서 고정시킨다.

06 우측도 마찬가지로 동일하게 진행하되, 세 번째 표현부터 눕혀서 C 커브로 나오게끔 설정한다.

07 좌측을 완성한 후 우측 백에 미리 빼둔 한 가닥으로 묶은 부분을 한 바퀴 돌려 감싸준다.

08 뒤에 미리 만들어 놓은 돔 위에 남은 모량으로 선 표현을 해준다. 선 표현은 센터에서 제일 높게 설정을 해준 후 S 커브로 만들어준다.

09 센터를 기점으로 우측으로는 점점 낮게 설정해준다. 총 네 줄을 만들어 준 후 S 커브의 끝을 다 같이 모아 U핀으로 고정시킨다.

10 좌측도 마찬가지로 네 개의 선 표현을 해준다.

11 마지막 남은 머리는 우측 네 가닥, 좌측 네 가닥 합친 머리를 뱅으로 돌려준다. 좌측은 시계 방향으로 뱅을 만들고, 우측은 시계 반대 방향으로 돌려준다.

완성 컷

정면

뒷면

좌측

우측

코스모스의 향기

정면

뒷면

좌측

우측

디자인 테마	코스모스의 꽃잎처럼 얇고 날렵한 느낌을 표현
형태	장구형
표현기법	말기, 선 표현

🛠 시술 절차

01 이어 투 이어로 나눈 후 가운데 가르마를 타준다. 이어 탑에서 이어 탑으로 라운드로 파팅을 타준다. 파팅 윗부분은 잠시 핀셋으로 고정하고 센터에서 네이프 3cm 위에 묶어준다. 묶은 윗부분의 머리에는 아래에 맞춰 라운드로 파팅을 타 주고 백콤을 넣는다.

  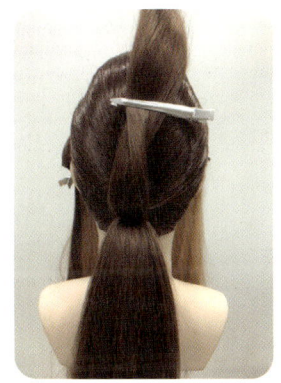

02 백콤을 넣은 후 빗을 반대로 눕혀 겉빗질을 이용하여 깔끔하게 정리한다. 정리를 한 후 아래의 묶어둔 머리에 같이 묶고 고무줄은 가려준다. 묶은 머리의 모량 5분의 1은 위에 임시로 고정시켜 준다.

 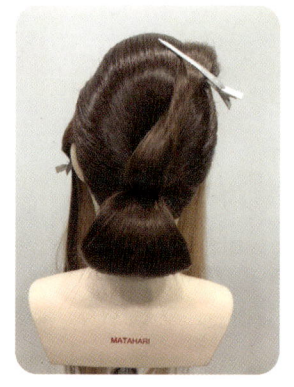 

03 5분의 1가량의 모발을 뺀 밑의 머리에 백콤을 넣어 돔을 만들어준다. 돔은 양쪽의 높이가 같도록 펼쳐준다.

04 앞머리로 넘어와 센터에서 1.5cm가량 파팅을 나누어 C 커브로 만들어준다. 이때 센터의 높이가 가장 높기 때문에 높이를 잘 설정해야 한다.

05 C 커브를 만든 다음 남은 모량은 다시 한 번 C 커브를 만들어 U핀이나 핀컬로 임시 고정시킨다. 센터부터 양측으로 점점 낮아지게 높이를 설정하여 S 커브를 만들어준다.

06 선 표현을 해주는 부분 사이의 간격은 약 2cm가 되도록 설정해준다.

07 모든 선 표현을 해준 머리는 묶은 위치에 한곳에 모아 고정시켜 준다. 우측의 다섯 번째와 여섯 번째 사이의 모량을 소량 빼내어 앞으로 보내둔다.

08 좌측은 우측에 맞추어 S 커브의 선 표현을 연결한다.

09 선 표현을 한 모든 머리를 돔 위의 묶어 놓은 부분에 U핀으로 고정시켜 준다. 고정시킨 컬과 미리 빼둔 머리를 합쳐 돔 위에 C 커브를 만들어준다. 하나의 선 표현에서 중간에 한 가닥이 더 나와 총 두개의 C 커브가 만들어진다.

10 마찬가지로 두 번째의 선 표현에서도 한 가닥에서 두 개가 될 수 있도록 만들어준다. 우측도 마찬가지로 한 가닥에서 두 개의 C 커브가 나올 수 있도록 만들어준다.

11 마지막 남은 머리도 한 가닥에서 두 개의 선 표현이 될 수 있도록 만들어준다. 마지막으로 우측에서 두 가닥 빼놓았던 머리 길이를 설정한 후 웨이브를 넣어 자연스러운 컬을 만들어준다.

▶ 완성 컷

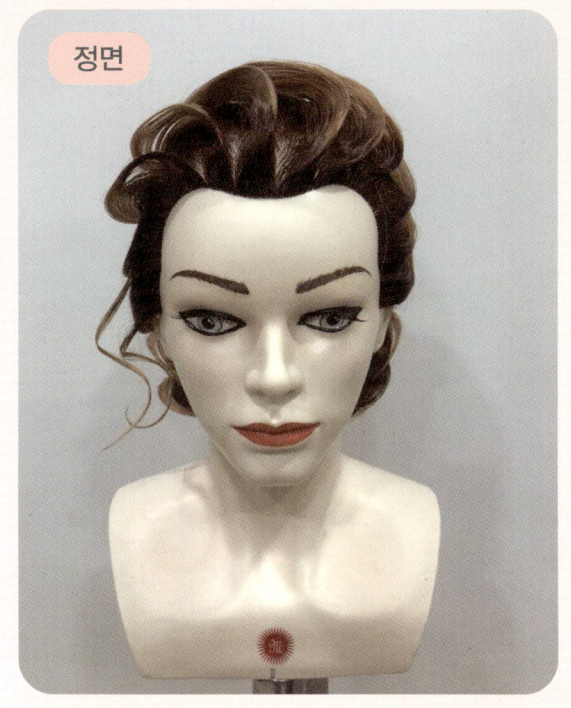

정면

뒷면

좌측

우측

나무를 감싸는 줄기

정면

뒷면

좌측

우측

디자인 테마	서로가 감싸고 있는 듯한 느낌을 표현
형태	장구형
표현기법	말기, 웨이브, 꼬기

시술 절차

01 이어 투 이어로 나누어준다. 백의 뒷부분에선 이어 탑에서 이어 탑으로 위로 라운드로 파팅을 나누어준다.

02 이어 탑에서 이어 탑으로 나눈 위의 파팅 밑부분은 네이프 센터 4cm 위에 묶어준다. 묶은 후 머리는 최대한 모발의 끝부분까지 백콤을 넣는다.

03 백콤을 넣은 머리는 고무줄 주면을 동그랗게 말아준다.

04 백콤을 넣어 말아준 머리 윗부분은 동그랗게 말아 놓은 윗부분에 U핀으로 고정시킨 후 왼쪽 사이드를 먼저 완성한다. 왼쪽 사이드의 머리는 꼬기를 하여 세 가닥의 선 표현을 해준다.

05 왼쪽 사이드의 세 가닥을 만들어 고무줄 위치에 U핀을 이용해 머리를 고정시킨 후 우측 사이드로 넘어간다. 우측 사이드의 머리는 프런트 사이드 포인트부터 사선으로 파팅을 나누어준다.

06 파팅에 백콤을 넣어 볼륨감을 주고 앞머리는 볼륨보다 좀 더 빼서 C 커브로 만들어준다.

07 우측 사이드의 머리는 C 커브를 만든 뒤 다시 한 번 C 커브로 연결해 S 커브를 만들어준다. 커브를 만든 후 사이사이에 U핀과 핀컬을 이용해 선 표현을 해준다. 프런트 사이드 포인트 밑부분을 위에서 했던 것과 마찬가지로 S 커브로 만들어준다.

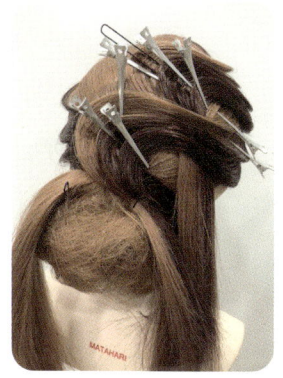  

08 S 커브를 만든 후 위에서 선 표현을 했던 것과 마찬가지로 세 가닥의 선 표현을 해준다. 우측 사이드를 완성한 후 남은 머리로 아래에 만들어 놓은 싱에 S 커브의 면을 만들어 U핀을 이용해 선 표현을 해준다.

PART 03 업스타일 실전

09 나머지 남은 모발도 왼쪽 S 커브에 맞춰 같은 방향으로 S 커브를 만들어준다. S 커브의 끝 모발이 한곳에 모일 수 있도록 해준다.

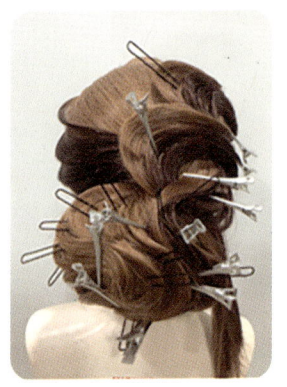  

10 우측의 마지막 모량은 C 커브로 마무리한다.

완성 컷

정면

뒷면

좌측

우측

아름다운 피앙세

정면

뒷면

좌측

우측

디자인 테마	웨이브를 이용해 풍성하고 자연스러운 느낌을 표현
형태	장구형
표현기법	웨이브

시술 절차

01 골든 포인트를 기점으로 10cm 길이의 원형으로 파팅을 나누어준다. 머리를 골든 포인트 지점에 묶어준다.

02 고무줄을 가려주고 웨이브를 넣는다. 웨이브를 넣은 머리를 두 갈래로 갈라준다.

03 웨이브를 살리면서 사이사이에 U핀을 넣어 선 표현이 나올 수 있도록 한다.

04 사이드 부분부터 삼각형으로 파팅을 나누어 웨이브를 넣어준다.

05 모든 머리에 웨이브가 들어갈 수 있도록 웨이브를 넣어준다.

06 우측 사이드부터 사이사이의 머리를 소량 빼둔다. 웨이브를 넣은 머리는 골든 포인에 만들어 놓은 웨이브에 맞추어 돌려준다.

07 남은 머리도 마찬가지로 사이사이의 소량 머리를 빼서 겉부분으로 돌려준다.

08 남은 머리도 같은 방법으로 돌려준 뒤 앞머리에 백콤을 살짝 넣어 S 커브의 웨이브를 만들어준다. 앞머리를 만들고 남은 모량은 웨이브를 돌려 다른 머리와 마찬가지로 사이에 맞춰 돌려준다.

09 앞머리를 만든 다음 남은 모량은 웨이브를 돌려 다른 머리와 마찬가지로 사이에 맞춰 돌려준다. 소량 빼놓은 머리는 길이를 조절한 뒤 웨이브를 넣어 고정시킨다.

완성 컷

정면

뒷면

좌측

우측

돌아가는 바람개비

정면

뒷면

좌측

우측

디자인 테마	날렵하게 선 표현을 해주며 웨이브의 모양으로 자연스럽게 표현
형태	장구형
표현기법	웨이브, 말기

✂ 시술 절차

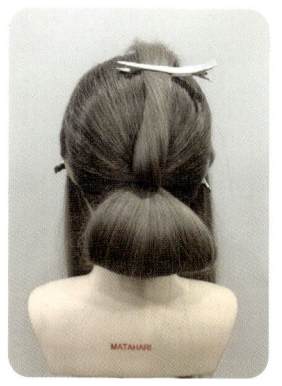 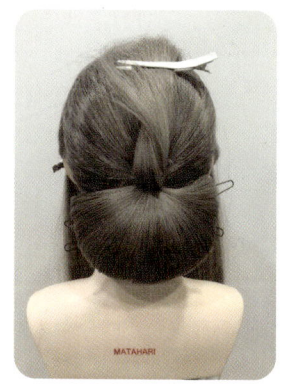 

01 돔을 만든 뒤 같은 위치선상에 펼쳐질 수 있게 고정시킨다.

02 왼쪽 사이드는 가르마에서 3cm가량 남겨 놓고 뒤의 묶은 위치에 U핀으로 임시 고정한 후 미리 빼 둔 머리를 C 커브로 만들어주고 세 가닥의 선 표현을 해준다. 만든 머리는 U핀으로 고정한다.

03 우측 사이드의 머리에서 절반가량을 묶은 위치 부분에 고정시켜 준다. 앞머리는 총 다섯 개의 선으로 표현하고 제일 앞머리가 가장 높게 설정하며 S 커브로 마무리한다.

04 각 선 표현의 간격은 1~2cm가 되도록 해준다.

05 앞머리의 뱅을 제일 높게 설정한다.

06 우측 사이드의 앞머리까지 마무리한 후 좌측 사이드의 남은 모량으로 우측 사이드의 커브를 감싼다.

07 윗부분에 빼둔 머리와 우측 사이드에서 넘어온 머리를 합쳐 돔 위에 S 커브의 선 표현을 해준다.

 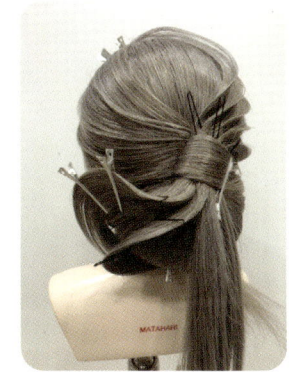 

08 총 다섯 가닥의 S 커브 선 표현을 해주며 간격은 3cm가 되도록 한다.

09 선 표현을 해주고 남은 모량은 돔 속으로 숨겨준다.

완성 컷

정면

뒷면

좌측

우측

고깔모자를 쓴 여인

정면

뒷면

좌측

우측

디자인 테마	풍성한 돔 위에 모자를 쓴 것처럼 웨이브를 표현
형태	마름모꼴
표현기법	말기, 웨이브, 뱅

시술 절차

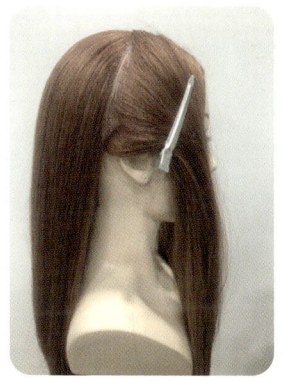  

01 파팅은 이어 투 이어로 나누고 백 부분은 골든 포인트 센터 지점에 묶어준다.

02 묶은 다음 고무줄을 가려주고 7:3 비율로 왼쪽 가르마를 나누어준다.

03 백콤을 넣은 머리는 고무줄과 실핀을 연결하여 묶은 부분 위에 고정시킨다. 머리를 돔 형태로 만들어 펼쳐준다.

04 오른쪽 사이드에서 프론트 사이드 포인트부터 사선으로 파팅을 나누어준다. 파팅 부분에 백콤을 넣어준 뒤 머리를 빗어 백콤을 덮어준다.

 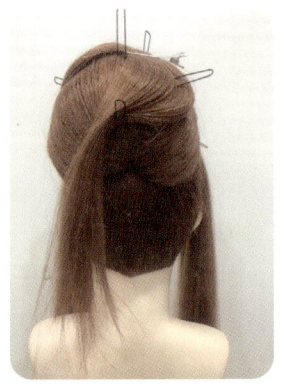 

05 앞머리를 만든 후 S 커브로 머리를 돔 위에 펼쳐준다. 펼쳐진 머리에 U핀으로 눌러 서너 가닥의 선이 표현되도록 만들어준다.

06 오른쪽 프런트 사이드 포인트 밑 부분도 가운데의 S 커브를 따라 같은 모양으로 합쳐준다.

07 오른쪽 사이드를 마무리한 뒤 왼쪽 사이드로 넘어간다.

08 왼쪽 사이드는 우측 사이드에 맞추어 C 커브로 연결하고 마지막 남은 머리를 한곳으로 모아 뱅으로 표현한다.

09 말기를 완성한 후 U핀으로 고정시키고 마무리한다.

🔺 완성 컷

정면	뒷면

좌측	우측

PART 04

ALL THAT UP STYLE

업스타일
작품

요동치는 파도

| 형태 | 장구형 | 표현기법 | 반고리, 웨이브 |

정면

뒷면

좌측

우측

바위를 감싸는 어둠

| 형태 | 장구형 | 표현기법 | 웨이브, 말기 |

정면

뒷면

좌측

우측

무지개빛 달팽이

| 형태 | 역삼각형 | 표현기법 | 반고리, 말기 |

정면

뒷면

좌측

우측

꽃피는 사랑

| 형태 | 장구형 | 표현기법 | 말기, 웨이브, 반고리 |

정면

뒷면

좌측

우측

화염의 통로

| 형태 | 삼각형 | 표현기법 | 말기, 반고리 |

정면

뒷면

좌측

우측

설산 위의 시네라리아

| 형태 | 삼각형 | 표현기법 | 말기, 반고리 |

정면

뒷면

좌측

우측

서로를 감싸 안는 핑크물리

| 형태 | 장구형 | 표현기법 | 말기, 웨이브 |

정면

뒷면

좌측

우측

밤하늘의 은하수

| 형태 | 삼각형 | 표현기법 | 말기, 반고리, 웨이브 |

정면

뒷면

좌측

우측

보랏빛 향기

| 형태 | 장구형 | 표현기법 | 반고리, 웨이브 |

정면

뒷면

좌측

우측

업스타일 용어 정리

가로 섹션horizontal section 평면에 대하여 수평인 섹션을 말한다. 좌우 균형을 맞추기 쉽고, 적은 단차의 무거운 커트선을 만들기가 용이하다.

가이드guide 미용 용어에서 커트 시 길이, 각도, 방향 등을 정확하게 설정하고 자르는 데 필요한 최초 단계에서 기준이 되는 모다발이다.

갈고리 핀 U자 대핀의 한쪽 다리를 이용해서 갈고리 모양으로 만든 핀을 말한다. 일반적으로 스타일이 완성된 후 마무리 단계에서 삐쳐 나오는 모발을 정리하거나 임시 고정된 U핀을 뽑아내고 갈고리 핀을 꽂기도 한다.

핀의 종류
① 대핀 : 강한 소재로 많은 양을 확실하게 모아 고정할 수 있는 장점이 있다(트위스트 고정).
② 보비핀 : 가장 많이 사용하는 핀으로 대핀과 스몰핀의 부족한 부분을 담당한다(아메리카 핀).
③ 스몰핀 : 보비 핀과 비슷하지만 길이가 짧고 가늘어 소량의 모발을 고정하는 데 쓰인다.
④ U핀(대) : 많은 양의 모발을 감춰지는 부분에 꺾어 고정하거나 부드러운 질감 표현에 사용한다.
⑤ U핀(소) : U핀(대)과 동일한 모양으로 가늘고 작기 때문에 갈고리 핀 대용으로 많이 사용한다.
⑥ 갈고리 핀

골든 포인트golden point, GP 턱에서 양쪽 귀를 연결한 선의 연장선이 정중앙과 교차하는 지점을 말한다. 황금점이라고도 하며, 센터 파트(center part)와 이어 라인(ear line)의 교차점으로 헤어 디자인을 할 때 기본이 되는 지점이다.

그러데이션gradation 한쪽은 진하게 칠하고 다른 쪽으로 갈수록 점점 옅고 흐리게 칠하는 것을 말한다. 이것은 일정한 질서를 갖추어 변화한다는 뜻을 가진다. 그러나 헤어 커트 시에는 그래쥬에이션의 잘못된 표현으로 사용 되고 있다.

그레이 스케일gray scale 가장 밝은 흰색에서 가장 어두운 흑색까지 단계적으로 나누어 명도 차를 나타낸 것을 말한다.

그루브groove 헤어 아이론의 부분으로 로드의 열의 분산을 막고, 머리카락이 흩어지지 않도록 고정시키는 역할을 한다.

기시gish 릴리안 기시(Lilian Gish)라는 배우의 이름에서 유래된 것으로 뺨 위로 내려뜨린 머리카락을 말한다.

나칭notching **기법** 가위 날 끝을 45°로 세워서 모다발 끝을 45° 정도로 비스듬히 지그재그로 이중선을 만들어 자르는 방법이다.

내로우 섹션narrow section 커트하기 위해 두상을 좁게 나눈 섹션을 말한다.

내로우 웨이브narrow wave 펌 시술 시 웨이브의 폭이 좁아 급경사의 웨이브 형상을 나타낸다. 파장이 극단적으로 많다.

내추럴 파팅natural parting 모발이 흘러내리는 대로 자연스럽게 생긴 선을 따라 나눈 가르마이다.

네이프nape 목덜미, 즉 후두부 밑에서 목덜미까지를 말한다.

네이프 라인nape line E.B.P에서 N.P에 이르는 부위로 가장 밑의 목덜미에서 머리가 나기 시작하는 곳의 라인이다. 헴 라인(hem line)의 일부분

노멀 스템normal stem 퍼머 시, 스템(머릿단)을 90도로 들어 올려서 와인딩하는 것을 말한다. 모발의 끝 부분에 볼륨감을 낼 수 있는 기본적인 와인딩 기법이다.

노멀 테이퍼normal taper 머리카락 아래 부분의 1/2 정도부터 폭넓게 숱을 치는 테이퍼 커트의 하나이다. 머리숱이 보통인 경우 사용하는 방법이다. 테이퍼링에는 엔드 테이퍼, 딥페이퍼, 노멀테이퍼가 있다.

다운 셰이핑down shaping 셰이핑할 때 아래쪽을 향해 모발을 빗질하는 것. 두피를 기준으로 90도보다 아래로 빗질한다.

다운 스트로크down stroke 가위나 레이저의 날 끝이 밑을 향하게 하는 스트로크 커트의 한 기법이다.

다이애거널 웨이브diagonal wave 웨이브의 선이 대각선으로 비스듬히 만드는 것을 말한다.

다이 케이프dye cape 헤어 컬러 시술 시 염색제가 옷에 묻지 않도록 걸치는 천이다.

다이 터치 업dye touch up 헤어 컬러 시술 후 새로 자란 신생모를 기존 염색한 색상과 맞춰서 염색하는 것이다.

댄드러프dandruff 비듬. 비듬은 두피의 노화각질과 피지의 분해산화물로 인해 생긴 것을 말한다. 내적 요인(호르몬의 불균형, 자율신경의 실조)과 외적 요인(두피의 불결, 약품 등에 의한 염증, 과도한 샴푸 등)에 의한 것이 많다.

더블 뱅double bang 뱅 디자인의 하나로 뱅 라인이 2층으로 보이게 한 것. 디자인에서 악센트를 주기 위할 때 이용하기도 하며, 장단의 변화를 준 앞머리를 말한다.

덕 테일duck tail 오리 꼬리 모양이란 뜻으로 리젠트 스타일과 같이 뒤로 빗어넘긴 사이드의 모발을 후두부에서 합쳐 위로 올린 스타일. 1954년 미국에서 유행한 스타일이다.

덜 웨이브dull wave 머릿단에 낸 웨이브의 물결 모양이 뚜렷하지 않고 느슨한 웨이브이다.

덧가발 커트 연습용 가발

디바이딩 라인dividing line 신생모와 기존염색모의 경계 라인이다.

디자인 콤design comb 긴 머리를 모양낼 수 있게 만든 빗이다.

라운드 보브round bob 둥그스름한 스타일의 단발머리를 말하며 전체적인 실루엣에 둥근 형태의 그래쥬에이션을 강조한 단발머리이다.

라운드 사이드 파트round side part 왼(오른)쪽 측두선을 축으로 S.P에서 G.P를 향하여 둥글게 3:7로 나누어진 상태를 말한다. 헤어 파팅 방법 가운데 하나로 가르마의 선이 곡선으로 된 옆 가르마를 말한다.

라운드 플러프round fluff 모다발 끝을 원형 또는 반원형으로 만들고 오리 꼬리 모양으로 플러프 처리하는 것이다.

라운드 그러데이션 커트round gradation cut 둥근 그라데이션. 옆 슬라이스의 모다발에 장단을 넣거나 세로 슬라이스를 플러스하거나 여러 단으로 구성하여 모발 흐름과 방향성을 가미한 커트이다.

라이트 사이드light side 모발을 사이드 파트로 나눴을 때 모발이 적은 쪽을 말한다. 7대3으로 나눴을 때 3인 쪽이다.

래디얼 섹션radial section 골든 포인트를 중심으로 섹션을 사방팔방으로 나누는 것을 말한다.

랫테일 콤rattail comb 꼬리빗. 쥐꼬리같이 얇은 자루가 붙어 있는 빗을 랫테일 콤이라 한다. 자루는 가르마를 가를 때, 모다발을 나눠 쥘 때 사용한다. → 테일콤, 링 콤

러프 컬rough curl 과하지 않은 자연스러운 움직임을 가진 컬을 말한다.

레이어드 텍스처layered texture 층이 들어간 느낌이 있는 질감을 말한다.

레이어 온 그라데이션layer on gradation 투 섹션으로 구성된 헤어스타일로 언더 섹션을 그라데이션, 오버 섹션을 레이어 커트한다. 포름은 플랫 또는 컴팩트한 스타일이 된다.

레이저razor 면도날

레이크 콤rake comb 빗살이 굵고 간격이 넓은 빗이다.

로우 앵글low angle 가위가 들어가는 각도, 0도에서 30도 이하의 낮은 각도를 말한다.

롤 컬roll curl 롤러를 이용해서 만든 컬을 말한다. 일시적인 웨이브다.

롤 퍼프 컬roll puff curl 퍼프는 머리카락을 부풀리다는 뜻으로 롤 퍼프 컬은 펌 시술 시 롤러를 이용해서 와인딩 과정을 거친 부드러운 느낌의 컬이다.

루트root 머리카락의 뿌리를 말한다.

리버스 롤reverse roll 롤의 끝 부분이 얼굴의 뒤쪽을 향한 롤을 말한다. 리버스 컬과 비교하면 말린 머리카락의 폭이 넓은 롤의 형태인 것이 특징이다.

리지ridge 봉우리, 즉 웨이브의 융기점을 말한다. 하프웨이브와 하프웨이브 사이에 생긴 도랑 같은 부분을 말한다.

리프트 컬lift curl 핀 컬의 한 종류로 스탠드 업 컬보다 낮고 플랫 컬과 스탠드 업 컬의 높이의 차이를 연결하기 위해 사용하기도 한다.

마셀 웨이브marcel wave 마셀 웨이브는 웨이브가 균일한 폭과 물결 모양으로 이어진 부드러운 S자 모양이다. 프랑스 마셀 크라토(Marcel Crateau)가 1875년 창안한 웨이브 기법으로 아이론의 열을 이용해서 머리카락에 물리적인 변화를 줌으로써 웨이브를 만들어냈다.

매듭knot 머릿단을 묶었을 때 그 부분

머쉬룸mushroom 버섯 모양의 헤어스타일로 머리카락을 관자놀이에서부터 아래로 내려뜨린 보브 스타일이다.

멀티 섹션multi section 커트를 할 때 2개의 경우는 2섹션, 그 이상으로 나눌 경우를 멀티섹션이라고 부른다.

메슈meche 하이라이트를 부분적으로 주는 테크닉. 모발의 흐름을 강조하고 헤어 스타일에 입체감이나 악센트를 연출하는 방법이다.

메이폴 컬maypole curl 머리카락의 끝부분을 손가락과 핀으로 구불거리지 않게 바깥쪽을 향하도록 말아 올린 머리 모양이다.

모델 위그model wig 커트나 와인딩, 땋아 올리기 등의 연습에 사용하는 모발이 자라 있는 마네킹 인형

모히칸 가이드Mohican guide 머리 중앙(정중선)에 가이드를 만

드는 것. 주로 두정부에서 전두부까지 커트하는 경우, 가이드 라인으로 안내 역할을 할 때 사용한다.

몰드 룩mold look 거푸집처럼 보이는 스타일을 말한다. 가볍게 머리에 모발이 착 달라붙는 헤어스타일이다.

무게선 모발 형태에 따라 무게감이 느껴지는 선을 말한다.

미들 레이어middle layer 세로 방향으로 잡은 머리 다발을 직각보다 90도 이상 올려서 층을 내어 자르는 것이다.

바렐 컬 원통 모양으로 볼륨을 주고자 할 때 사용하며 후두부의 평면적인 중앙 부위에 많이 이용된다.

바이섹트bisect 둘로 나누어 좌우대칭을 만든다.

바이어스 슬라이스bias slice 커트나 퍼머넌트를 위해 머릿단을 사선 45도로 디자인하는 스타일이다.

박스 커트box cut 사각형을 직선으로 커트하면 8각형이 되고 또 그것을 직선으로 커트하면 16각형이 되어 원에 가까워진다. 사각 라인으로 트리밍해서 매끄러운 모발의 흐름을 연출한 커트이다.

백 다이애거널 파트back diagonal part 두상의 정상 부분에서 시작해서 후두부를 비스듬하게 가르는 것을 말한다.

백 코밍back combing 머릿단을 들어 올려 빗으로 밀어서 빗는 동작을 말한다. 볼륨감을 주어 우아하고 풍성한 헤어스타일 연출이 가능하다. 업스타일 등에서 사용된다.

백워드backward 머리카락을 얼굴 뒤쪽으로 가져가는 것을 말한다.

버진 헤어virgin hair 인공적으로 아무 공작도 하지 않은 상태의 모발. 버진이란 처녀라는 의미가 있다. 처음으로 펌이나 헤어 브리치, 헤어틴트 등을 하는 모발을 말한다.

버티컬 슬라이스vertical slice 커트나 퍼머넌트를 하기 위해 머릿단을 세로 방향으로 떠내는 것을 말하며 세로 슬라이스라고도 한다.

벤딩 포인트bending point 머리카락이 구부러지는 지점을 말하며 머리카락의 무게와 길이에 따라 머리카락의 벤딩 포인트도 달라진다.

보브 컬bob curl 단발머리에 수직으로 컬을 낸 것을 가리킨다.

볼륨 오블롱volume oblong 머릿단의 바깥쪽에 로드를 대고 와인딩하여 연속적으로 C라인으로 구성되는 길게 늘어진 C 모양, 즉 안말음 C컬이 되게 하는 것을 말한다.

브로스 커트brosse cut 브로스 스타일로 커트하는 것으로 상고머리 혹은 스포츠머리같이 짧게 깎은 남성 헤어스타일이다.

블리치 터치 업bleach touch up 모발 탈색 후 새롭게 자라난 모발에 기존 탈색한 모발과의 색상 차이 때문에 부분적 탈색(블리치) 시술을 하는 것을 말한다.

사순 커트Sassoon cut 헤어 디자이너 비달 사순(Vidal Sasson)이 고안한 스타일과 커트 기술의 총칭. 1963년에 발표한 백이 프론트보다 짧은 그러데이션 보브. 64년 작인 목덜미와 귀 전후의 5점을 뾰족하게 커트한 파이브 포인트 커트 등. 기하학적으로 계산된 커트가 특징이다.

사이드 번side burn 구레나룻. 길게 기른 구레나룻을 말한다.

사이드 틴닝side thinning 패널(머릿단)을 양 사이드를 균일하게 취하고 틴닝하는 것. 모발의 좌우 움직임을 낼 수 있다.

샤기 보브shaggy bob 보브의 한 종류. 1970년대 유행. 모발 끝을 불규칙하게 한 것이 특징. 레이저 등으로 모발 끝을 테이퍼링 하면 가볍고 공기감을 살리는 커트 기법이다.

샤프 웨이브sharp wave 부분적 악센트 웨이브를 통해 샤프한 느낌을 낸 웨이브이다.

섀도 웨이브shadow wave 퍼머넌트를 할때 웨이브의 리지가 거의 눈에 보이지 않을 정도로 느슨한 웨이브를 말한다.

서클 파트circle part 서클은 원, 원주를 뜻하고 파트는 원형을 만드는 것을 말한다. 파팅 방법의 하나로 모발을 동그라미 형태로 나누는 것을 가리킨다.

세가닥 땋기 3개의 모다발을 사용하여 좌우의 모다발을 중앙의 모다발에 겹쳐 땋아가는 방법. 또는, 이런 땋아진 모다발의 상태.

세실 커트cecile cut 보이시한 쇼트 보브. 여배우 세실버그가 했던 헤어스타일이 이름의 유래. 주로 레이저 커트로 시술한다.

세트 콤set comb 헤어 세팅 시 사용하는 빗을 말한다.

센터 라인center line 정중선을 가리킨다. 두상을 좌우 2등분 하는 선

쇼트 스트로크short stroke 스트로크 기법의 하나로 모발 끝을 가위를 이용해서 짧게 테이퍼링하는 것을 가리킨다.

스월 웨이브swirl wave 스월은 소용돌이를 일컫는 말로 스월 웨이브는 소용돌이 상태처럼 말린 웨이브를 말한다. 핑거 웨이브의 한 종류이다.

스컬프처 컬sculpture curl 플랫 컬의 한 종류. 모발 끝이 루프의 중심이 되어 있는 컬. 플랫 컬은 스컬프처 컬과 핀 컬, 크로키놀 컬 등이 있다.

스크런칭scrunching 모발을 말릴 때 모발을 부드럽게 쥐는 기법을 말한다.

스탠드 업 컬stand up curl 스템이 두피로부터 일어선 듯이 만들어진 핀컬. 탄력성이 강한 볼륨을 내고 싶을 때 사용한다.

스템stem 미용에서는 컬 베이스에서부터 컬의 원을 만들기 시작하는 곳까지의 부분. 원래는 줄기, 심 등을 뜻한다.

스트로크 커트stroke cut 한 번 자를 때마다 시저스를 개폐하면서 손목 스냅을 살려서 모발을 깎아내듯이 커트하는 기법이다. 모발이 테이퍼 되면서 가벼움과 방향성을 연출할 수 있다. 드라이 커트의 한 종류이다.

스파니엘spaniel 커트 형태선이 컨케이브로 무거움보다는 예리함과 산뜻함을 나타내는 커트 스타일. 원랭스 커트의 한 종류이다.

스플릿 헤어split hair 스플릿 헤어는 갈라진 머리카락을 의미한다.

슬리크 스타일sleek style 웨이브를 만들지 않은 매끄러운 헤어스타일을 일컫는 말로 산뜻한 질감을 연출할 수 있다.

시 셰이프C-shape 머리카락을 C자 형으로 둥글게 빗는 것을 말한다.

시어 오버 콤shear over comb 빗을 대고 자르는 것을 말한다.

신징singeing 불필요한 모발을 전기 신징기로 그슬려 없애는 것을 말한다.

싱글 콤single comb 빗살이 일렬로 되어 있는 콤

아르 시저스R-scissors 컷팅용 가위. 몸체가 활처럼 되어 있다. 이 형태를 이용해서 세세한 부분의 수정이나 헤어 끝 부분을 잇는 데 효과적이다.

아웃라인outline 미용에서는 헤어의 실루엣을 가리키는 경우와 커트 길이의 라인을 가리키는 경우가 있다.

아이리시irish 레이저의 헤드가 유선형으로 되어 있는 것을 가리킨다.

아젠트 커트argent cut 아젠트 커트는 은빛(실버) 커트라고 하는 남성 롱헤어스타일이다. 커트시 롱헤어를 관자놀이 부근의 백발을 특수한 형으로 브러시 업해서 만든 스타일이다.

안말음형 두피쪽으로 로드를 마는 기법을 말하며, 반대말로는 겉말음이 있다. 헴 라인의 머리카락이 안쪽으로 말려 있는 상태를 가리킨다.

알루미늄 포일alminium foil 미용에서는 주로 메쉬 등을 할 때 사용하며 일반적으로 쓰는 것과 다른 전용의 것이 있다.

애시 계 컬러링의 조절로 잿빛 색을 띤 회색계열의 컬러. 헤어의 붉은빛을 블루로 억제하고 선명하지 않은 칙칙한 색감이 나온다.

애프터 커트after cut 퍼머넌트 웨이빙 시술 후에 디자인에 맞춰 커트하는 것을 말한다. 시술 전에 자르는 것을 프레 커트(pre cut)라고 한다.

앵글 커트angle cut 디테일한 부분을 중심으로 한 커트로 부분 부분을 다면적, 복잡한 조합으로 자르는 커트. 앵글에 따라 스타일의 완성이 달라진다.

언더 브레이드under braid 아래 땋기. 세 가닥으로 나눈 후 가운데 가닥의 아래로 좌우의 가닥을 겹치듯 교차하면서 땋는 방법

언더 틴닝under thinning 패널의 아랫부분을 틴닝하면 가벼운 느낌을 낼 수 있다.

업 세이핑up shaping 위쪽으로 빗질하면서 헤어스타일을 만드는 것을 말한다.

업스타일up style 끝 부분이나 사이드의 머리를 두상 윗부분에서 정리한 스타일의 총칭. 줄여서 업(up)이라고만 하기도 한다. 다운 스타일과는 전혀 대조적인 상승적인 리듬감을 주는 스타일이다. 업 헤어(up hair)로 부르기도 하며 영어로는 Up swept style이라고 하는 것이 일반적이다.

엔드 오브 컬end of curl 퍼머넌트 시 컬의 마지막 부분. 컬 상태의 모발의 제일 끝 부분을 말한다.

엘레베이션 커트elevation cut 머릿단을 들어올리면서 점점 리프트업하거나 리프트다운하면서 커트하는 것. 또는 그로 인해 생기는 그러데이션(단차)을 일컫는다.

오렌지 섹션orange section 커트를 할때 모발을 사방팔방(방사형)으로 나누는 것을 말한다.

오버 디렉션over direction 온 더 베이스(두피 기준으로 90도)보다도 패널을 앞이나 뒤로 당겨 커트하는 것. 각도를 변화시킴으로써 길어지거나 짧아질 수 있다.

오버 슬리더링over slithering 슬라이스의 바깥쪽 모발의 숱을 점차적으로 쳐내는 기법

오블롱 와인딩oblong winding 펌을 할 때 로드를 평행이 되게 말아 올리는 기술

오픈 앤드open end 오픈은 열린 상태. 앤드는 끝. 헤어 웨이브에서 움푹 들어간 부분을 오픈 앤드라고 한다.

온 더 베이스 커트on the base cut 커트 시 모발을 패널 중심에서 직각(90도)으로 잡아당겨서 커트하는 것을 말한다.

왜프트waft 헤어피스의 한 종류로 핑거 웨이브를 만들 때 사용한다.

울프 커트wolf cut 유니섹스 시대를 반영한 스타일로 1970년대 처음으로 유행했다. 머리 부분을 짧게 하고, 옆 측면을 길게 하여 단차가 생기게 커트한다.

원 핑거 프로젝션one finger projection 커트 등의 시술을 할 때 손가락 하나 굵기만큼 시술 각도를 들어 올리는 것을 말한다.

웨트 커트wet cut 모발을 물에 적셔 커트하는 것을 말한다. 수분에 의해 머리카락이 팽윤하여 커트하기 쉽고 정확하게 커트할 수 있다.

위브weave 헤어 시술 시 머릿단을 하나씩 빼고 시술하는 기법을 가리킨다.

유 핀U pin 임시로 형태를 고정하거나 핀이 눈에 띄지 않게 모발을 고정할 때 사용하는 핀

이너 랭스inner length 이너는 안쪽, 랭스는 길이를 뜻하며 이너 랭스는 안쪽의 길이를 가리킨다.

이동 디자인 라인mobile design line 커트하는 길이 가이드가 움직이는 것을 말한다.

이어 투 이어 파트ear to ear part 헤어 파팅 방법의 기본 중에 하나로, 귓바퀴에서 정수리를 거쳐 다른 귓바퀴까지를 이은 것을 말한다.

인덴테이션 와인딩indentation winding 로드로 머리카락이 난 쪽에서 말아 올리는 기술로 뻗치는 느낌의 머리 모양을 만들 수 있다.

인터널 가이드 라인internal guide line 스타일을 만들 때 커트하기 전에 가장 먼저 자르는 가이드 라인을 가리킨다.

자연각natural fall 중력에 의한 각도, 중력에 의해 모발이 자연스럽게 늘어뜨려지는 상태를 의미한다. 원랭스, 그래쥬에이션 커트에 사용된다.

전대각diagonal forward 커트를 할 때 모발이 앞쪽(얼굴쪽)으로 향하는 대각선을 말한다.

좌대각diagonal left 머리카락이 왼쪽으로 향하는 대각선을 말한다.

지오메트릭 커트geometric cut 기하학적 모양의 헤어스타일로 커트하는 것을 말한다.

집어 땋기 매듭의 맨 위의 가닥과 합류시켜가면서 땋기와 집어 땋기를 병행하는 기법을 말한다.

착강가위 가윗날의 협신부는 특수 강철로, 몸체는 연질 강철로 만들어졌다.

채널 커트channel cut 채널은 문지방의 홈이라는 뜻으로 모발의 길이가 문지방의 홈처럼 교대로 대조를 이루게 자른 커트 기법이다.

촙 커트chop cut 슬라이스한 머릿단(판넬)의 끝에 가위의 날 끝을 세로로 넣어서 커트하고 커트 라인을 들쑥날쑥하게 하는 커트 방법이다.

측두선F.S.P 대체로 눈 끝을 수직으로 세운 머리 앞쪽에서 측중선까지를 가리킨다.

친 업chin up 턱선 위로 모발을 올려서 스타일을 만드는 것이다.

카우릭 파트cowlick part 머리에 생긴 가마를 중심으로 자연스러운 머리의 흐름에 따라서 두발을 나누는 것으로 방사선의 형태이다. 가마를 중심으로 두발을 머리 흐름에 따라서 빗질하기 때문에 노 파트(no part) 상태가 된다.

캐스케이드 컬cascade curl 폭포가 떨어지는 듯한 라인을 나타내는 컬. 캐스케이드는 작은 폭포라는 뜻. 머릿단의 밑동을 완전히 일으켜 세워서 만든다.

캡 스타일 와인딩cap style winding 펌 시술 시 앞부분의 모발에만 모자를 씌운 듯한 스타일로 와인딩하는 을 말한다.

커브드 베이스라인curved base line 기초가 되는 선이 곡선으로 되어 있는 것을 가리킨다. 기초가 되는 선(기초선)은 대부분 가이드 라인을 말한다.

커팅 에지cutting edge 머리카락을 자르는 시저스(가위)의 날 부분을 가리킨다.

컨케이브 커트concave cut 머릿단을 들어 올려서 가운데가 움푹 들어가게 커트하는 기법이다.

컬 스템curl stem 베이스에서 피봇 포인트까지 루프 외에 말리지 않는 부분을 말한다.

컬리 헤어curly hair 컬리는 고불고불한 머리라는 뜻. 전체적으로 컬을 강하게 만 헤어스타일. 길이가 길고 웨이브 상태인 스타일을 웨이비 헤어라고 한다.

코너 체크corner check 체크 커트의 하나로 각 섹션마다 커트 경계에 생긴 모서리를 없애는 작업이다.

콘티넨털 브로스continental brosse 브러시(브로스) 느낌이 나게 스포츠형 남성 헤어스타일을 말한다.

콤 아웃comb out 마무리에 사용되는 테크닉. 오리지널 세트에서 형태를 만든 머리를 빗이나 브러시로 희망하는 형태로 마무리하는 것이다.

크라운 투 이어 파트crown to eat part 두상의 크라운에서 시작해서 귀까지 모발을 수직으로 나누는 것이다.

크로스 피닝cross pinning 십자가 모양으로 교차하면서 핀을 꽂는 방식

클럽 커트club cut 커트 기법 중 하나로 직선으로 뭉툭하게 커트하는 기법이다. 블런트 커트를 말하며 원랭스 커트, 그래쥬에이션 커트, 레이어 커트, 스퀘어 커트 등이 포함된다.

클리핑clipping 갈라진 헤어 끝 부분을 가위로 제거하는 처리를 말한다. 머리단을 잡고 꼬거나 휘게 해서 훼손된 모발을 골라내어 재빨리 커트하는 방법이다.

타이트 로프tight rope 머리를 뒤에 밀착시켜 타이트하게 땋는 방법이다.

탑 섹션top section 탑 부분의 섹션. 표면의 움직임을 만드는 역할을 하는 부분. 커트 방법에 따라 웨이트 포인트를 만드는 경우도 있다. 가마의 영향을 받으므로 주의가 필요하다.

테이퍼 커트taper cut 머릿단을 붓의 끝과 같이 점점 가늘어지도록 깎아 내려가는 커트 방법. 주로 레이저나 스트로크 커트에서 사용한다.

테일tail 꼬리, 즉 미용에서는 머릿단의 뿌리 부분을 묶어 꼬리처럼 떨군 머릿단을 말한다. 포니테일이 대표적인 스타일이다.

토닝toning 브리치 등을 한 후, 토너를 사용해 머리에 색을 더하거나 색조를 조절하는 것을 말한다.

투 터치 커트two touch cut 두 번 손대서 완성한 커트

트림trim 완성된 스타일의 모발을 다듬으면서 커트

티저 빗teaser comb 길이가 서로 다른 3가지 빗살로 된 빗으로 머리카락을 더 풍성하게 하기 위해 사용한다.

틴트 헤어tint hair 머리카락에 색을 입히는 것을 말하는데 틴트 헤어는 색을 입힌 머리카락을 가리킨다.

파이널 콤final comb 업스타일에서 헤어 디자인을 연출할 때 마무리에 사용하는 빗이다.

파인 헤어 시저스fine hair scissors 숱이 많은 머리카락을 쳐낼 때 사용하는 가위를 가리킨다.

패럴렐 보브parallel bob 옆에서 두상을 봤을 때 모발 끝단 앞쪽과 뒤쪽의 높이가 같은 보 헤어이다.

페더 커트feather cut 깃털과 같이 가벼운 터치 컬로 전체를 스타일한 쇼트헤어. 페더는 깃털을 뜻한다.

포 호크 커트faux hawk cut 전체 레이어로 층이 지게 자르는 남성의 머리 모양으로 세미 모히칸이라고도 한다.

포워드 세이핑forward shaping 귓바퀴 방향을 따라서 빗질하는 것을 말한다.

포워드 스탠드 업 컬forward stand up curl 앞쪽으로 일어선 형상으로 만든 컬을 가리킨다.

포인팅 커트pointing cut 시저스를 모발 끝에서 세로로 넣어 모다발의 끝을 뾰족하게 하거나 불규칙하나 길이감을 만들어내는 커트 기법이다.

폼 라인 테이퍼링form line tapering 머릿단 끝 부분의 무게를 가볍게 하여 가벼움과 생동감을 주는 기법을 말한다.

프런트 포인트front point 프런트에 디자인 포인트가 있는 스타일. 또는 전두부, 이마에 새로 나오는 머리카락 정중선이 섞여 있는 부분

프레 커트pre cut 펌 시술에 앞서 미리 원하는 스타일로 커트하는 것을 말한다. 의도했던 길이보다 조금 더 길게 커트하는 것이 좋다.

프렌치 틴닝 French thinning 프랑스식의 틴닝 커트로 주로 레이저를 사용해서 머리카락의 양을 줄여 준다.

프리시전 커트precision cut 프리시전은 정확, 정밀이라는 뜻으로 헤어 용어에서 프리시전 커트는 정밀하게 커트하는 것을 말한다.

플러프 뱅fluff bang 커트 후 이마에 내려뜨린 앞 머리카락의 끝을 헝클어뜨려서 부풀어 오르게 만든 것이다.

피벗 파팅pivot parting 중심점에서 사방팔방으로 방사형으로 펴지게끔 파팅하는 것을 말한다.

핀컬pin curl 머리를 조금씩 말아 핀으로 고정하고 컬이나 웨이브를 주는 머리 손질 방법이다.

하이 뱅high bang 커트 후 이마에 내려뜨린 앞 머리카락을 높게 다듬어 올린 뱅을 말한다.

하프 스템 롤러 컬half stem roller curl 스템을 절반 정도의 길이로 하면서 롤러를 이용해서 만든 컬을 말한다.

하프 컬half curl 반원 상의 컬. 부드러운 곱슬머리를 연출할 수 있어서 짧은 머리카락에 시술하기에 적합하다.

헤비 네트heavy net 머리카락 흐트러짐 방지용 망으로 업스타일에서 헤어스타일을 정리하기 위해 머릿단을 고정시킬 때 사용한다.

헤어 벌브hair bulb 벌브는 온도계의 끝 부분을 의미하므로 헤어 벌브는 모발의 뿌리(머릿단의 밑동) 부분을 말한다.

헴 라인hem line 헴은 가장자리의 뜻. 미용에서는 머리의 모발이 형태를 짓고 있는 선. 머리가 자라나기 시작한 라인

후대각diagonal back 커트할 때 모발이 얼굴에서 멀어져 가면서 뒤쪽을 향하는 대각선을 말한다.

히트 웨이브heat wave 뜨거운 열을 가해서 웨이브를 만드는 것. 펌 용액의 열과 수소 결합을 이용해 웨이브를 만든다.

참고문헌

교육부(2015). 헤어스타일 연출(LM1201010111_14v2), 한국직업능력개발원.

권기형(2021).『커머셜 업스타일』, 메디시언.

김계순, 신화남(2021).『헤어아트 마스터』, 북마운틴.

김민정, 김보성, 박은주, 박은준, 신옥남, 안정연(2010).『쉽게 배우는 업스타일』, 도서출판 들샘.

김진숙, 손진아(2016).『실용업스타일』, 청구문화사.

김진숙, 조판래(2006).『업스타일 디자인』, 청구출판사.

김환(2009).『열두손가락 업스타일(형의비밀편)』, 도원출판사.

신화남(2017).『신화남의 살롱 업스타일 따라하기』, 성안당.

신화남(2017).『전문가를 위한 두피모발학』, 성안당.

신화남(2019).『미용 입문과 실무를 위한 미용용어사전』, 성안당.

신화남, 김계순(2020).『살롱 업스타일 마스터』, 북마운틴.

이효숙, 권대순, 김은영, 심선녀, 오순숙, 윤수용, 정숙희(2011).『업스타일 마스터』, 청구문화사.

한국미용교과교육과정연구회(2019).『미용사 일반 실기시험에 미치다』, 성안당.

한국산업인력공단(1998).『종합미용』, 한국산업인력공단.

NCS 국가직무능력표준. 헤어미용 NCS 학습모듈, https://ncs.go.kr/index.do.